水果栽培技术丛书

苹果优质丰产栽培技术

王立新　王森　主编

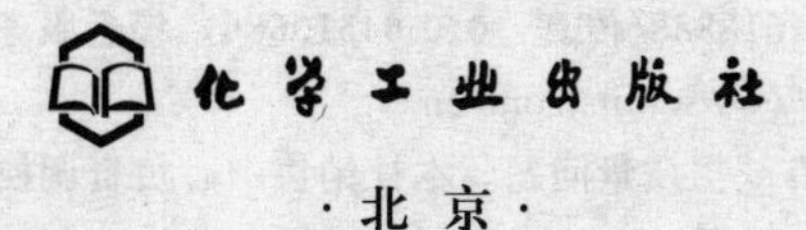
化学工业出版社

·北京·

本书主要介绍我国目前推广应用的苹果早中晚熟优良品种、优质壮苗标准、合理密植建园技术（含无公害果园建立）、科学施肥灌水技术（含无公害生产）、树冠整形修剪技术、花果管理及艺术果生产技术、主要病虫害防治技术（含无公害果品病虫害防治）、苹果低产园改造优质丰产技术、果实采收时期与采收方法以及贮藏保鲜技术、现代果品产后商品化处理及包装技术等内容。尤其是详细的整形修剪技术与低产园改造技术，符合农民需求。本书文字通俗易懂，技术全面，内容实用，适合果树管理干部、果农及果树技术人员、经济林技术员、果品贮藏技术员、果品贸易工作者及农林院校果树、园艺、林学、农学、经济林等专业师生阅读参考。

图书在版编目（CIP）数据

苹果优质丰产栽培技术/王立新，王森主编．—北京：化学工业出版社，2012.6
（水果栽培技术丛书）
ISBN 978-7-122-14203-0

Ⅰ．苹…　Ⅱ．①王…②王…　Ⅲ．苹果-果树园艺
Ⅳ．S661.1

中国版本图书馆 CIP 数据核字（2012）第 087550 号

责任编辑：李　丽　　　文字编辑：李　瑾
责任校对：边　涛　　　装帧设计：杨　北

出版发行：化学工业出版社（北京市东城区青年湖南街 13 号　邮政编码 100011）
印　　装：大厂聚鑫印刷有限责任公司
850mm×1168mm　1/32　印张 6　字数 115 千字
2012 年 8 月北京第 1 版第 1 次印刷

购书咨询：010-64518888（传真：010-64519686）售后服务：010-64518899
网　　址：http://www.cip.com.cn
凡购买本书，如有缺损质量问题，本社销售中心负责调换。

定　　价：18.00 元

编写人员名单

主　　编　王立新　王　森

副 主 编　王法格　陈功楷

编写人员（按姓氏笔画排序）

王　森　王立新　王法格　宋丽娟

陈功楷　郜爱玲　梁文杰

前　言

我国是目前世界上苹果栽培面积最大、总产量最高的国家。苹果产业不但在我国北方苹果重点产区的农村经济发展中占有十分重要的地位，而且在我国南方部分苹果产区的农业生产中也具有非常重要的意义。

党中央、国务院连续9年1号文件锁定“三农”，充分体现了党和国家对“三农”工作的高度重视和大力支持，使得农业基础地位愈发巩固和强化，农业科技凸显战略性。中发【2012】1号文件，聚焦农业科技，进一步明确了农业科技的公共性、基础性、社会性，从五个方面阐述了农业科技创新、振兴发展农业教育、加快培养农业科技人才等问题，为解决农业科技转化率低的问题指引了方向。为了深入贯彻落实2012年中央1号文件《关于加快推进农业科技创新　增强农产品供给保障能力的若干意见》精神，我们组织有关果树专家、教授编写了本书，供果树管理干部、广大果农、果树生产技术人员以及农林院校的师生阅读。

参加本书编写工作的专业技术人员有王立新教授，王森博士，王法格和陈功楷高级农艺师，宋丽娟、郜爱玲及梁文杰讲师（硕士）。在本书编写过程中，得到了温州科技职业学院园林系、温州科技职业学院三农服务中心、温州市农业科学研究院果树研究所、中南林业科技大学有关领导和专家的大力支持，在此一并表示感谢。

编者
2012年4月

目录

第一章 主要优良品种

一、早熟品种

（一）意大利早红

该品种适应性强，适宜全国各地苹果产区种植。平均单果重223克，果实近圆锥形，果形指数0.9，一般7月下旬着色，底色绿黄，全面或多半面鲜红色，果面光洁、有光泽，肉质松脆、汁多，风味酸甜适度、有香气，果实较耐贮运，8月上旬采收的果实在常温下可放15天。该品种具有果个大、均匀整齐、结果早、产量高、颜色鲜、品质优、商品价值高、较耐贮运、采前不落果等优点。

（二）嘎拉及其富红早嘎

嘎拉，新西兰育成的品种，亲本为红橘×金冠，该品种果实卵圆形，平均单果重170克，最大果重225克，底色乳黄，阳面鲜红色，果点稀小，皮薄。肉乳黄，质脆，硬，汁多，味甜，可溶性固形物14.5%，有芳香，品质上。一般于8月中下旬成熟。

富红早嘎为嘎拉的最早熟芽变，成熟期极早，比嘎拉早熟15～20天左右，颜色好，着色早，7月中旬着色；果实贮藏比嘎拉延长15～20天；果个大，色艳丽；甜酸适口，丰产，短枝性状明显，抗病性强，耐贮运。极易结果，栽后2年挂果，丰产，容易管理，抗病性强。

（三）藤牧1号

美国品种。果实扁圆形，单果重180～200克，果面光滑，蜡质较多，底色黄绿，果面着红霞或宽条纹，外形整齐美观，充分着色的果能达全红。果肉黄白色，肉质细，汁液多，风味酸甜，有芳香，品质中上等，在渭北黄土高原地区7月中下旬成熟，不耐贮藏，果实在室温下可贮放7～10天。树势强健，枝条萌芽力强，成枝力中等，腋花芽多。苗木定植后2～3年即开始结果，以短果枝结果为主，坐果率高，栽培时应注意疏花疏果以增加单果重。早果丰产性好。

（四）萌

日本以嘎拉×富士育成。果实扁圆形，底色黄绿，果面鲜红色，着色均匀一致，平均单果重190克，果面平滑，有光泽。果肉细，乳白色，汁液多，甜酸爽口，有香气。品质好，耐贮藏。树势中庸，树姿自然开张，枝条萌芽力强，成枝力较低。苗木定植后第3年开始结果，幼树以短果枝结果为主，有腋花芽结果习性。当年果台枝能形成短枝花芽，成花容易，丰产性好。生理落果较轻，无采前落果现象。北京地区一般4月下旬开花，7月中旬果实成熟。抗病性强，适应性好。

（五）泰山早霞

山东农业大学1994年从早捷苹果栽培园中的偶然实生苗选育而成的极早熟苹果品种。果实着鲜红彩条，泰山早霞具有成熟早、果色艳、外观美、风味浓、品质优和丰产性强的特点，平均单果重138克，果实在泰安地区于6

月中下旬成熟。综合经济性状优于“辽伏”、“贝拉”等早熟苹果品种。该品种成熟极早、管理周期短、病虫极少，果实不需套袋。

（六）津轻及其芽变——着色系津轻

津轻及其芽变系均为日本品种。果实近圆形，单果重约180克，底色黄绿，阳面有红霞和红条纹，着色系津轻比津轻容易着色，果面充分着色时可达全红，津轻果面少光泽、蜡质较少，梗洼处易生果锈，重时可达果肩部，果点不明显，果皮薄；果肉乳白色，肉质松脆，汁多，风味酸甜，稍有香气，品质上。幼树生长旺盛，有直立倾向，萌芽率高，成枝力强，树冠成形快。较丰产，采前落果较多。在黄河故道地区于8月中旬成熟。果实不很耐贮，采后在室内存放不超过30天。目前我国各地推广的多为着色系津轻，在黄河故道地区津轻着色较差，果面易生果锈。

（七）秦阳

西北农林科技大学园艺学院果树所从皇家嘎啦自然杂交实生苗中选育的早熟新品种。果实个大高桩，平均单果重198克，最大果重245克，着艳条红，质细松脆，味酸甜，早果丰产，渭北地区7月下旬成熟，货架期15～20天。适宜陕西渭北及同类地区栽植。果实底色黄绿，着鲜红色条纹，色泽艳丽，光洁无锈，果粉薄，蜡质厚，有光泽，果点中大。果梗中粗，果肉黄白色，肉质细脆，汁多，风味酸甜，有香气。在常温可存放15天，较耐贮藏。

（八）恋姬

日本以拉利坦×富士杂交育成。果实扁圆形，平均单果重250克，底色黄绿，果面着浓红色条纹，着色全面。果肉黄白色，肉质脆，汁液多，酸甜适度，风味浓郁，有香气，品质上等。北京地区7月底成熟。树势强健，枝条萌芽力强，成枝力较弱。苗木定植后3～4年开始结果，坐果率高，早果丰产性好。

（九）未希

日本以千秋×津轻育成。果实近圆形，平均单果重200克，底色黄绿，果面全部着鲜红色，光洁亮丽。果肉淡黄色，肉质致密，多汁，细脆，酸甜爽口，品质优。北京地区一般于8月上旬成熟，常温下可存放20天左右。树势中庸，树姿开张，枝条萌芽率高，成枝力低，易成花。苗木定植后第三年结果，以短果枝结果为主，也可腋花芽结果，坐果率高，无大小年结果现象。丰产性好，抗逆性强。

二、中晚熟品种

（一）新乔纳金

新乔纳金是乔纳金的浓红型芽变，三倍体中晚熟新品种。果实圆形或圆锥形，果个大且整齐，平均单果重200克，最大果重可达300克。果面细致光洁无锈，底色黄绿，彩色鲜红或浓红，有明显浓红条纹，外观艳丽，果点小而稀疏；果皮中厚，果肉黄白或淡黄色，较致密，脆硬，果肉中粗；汁液多，香气浓，酸甜适度，风味很浓；品质上等。10月上旬成熟。较耐贮藏，冷藏条件下可贮至次年3～4月，而贮至次年1～2月时风味最好。早果、易成花，长、中、短果枝都可以结果，其中以短果枝结果为主，极易形成腋花芽，结果极早。采前落果轻，丰产性强。

（二）华冠及其短枝华冠

华冠是中国农科院郑州果树研究所选育的具有国内自主知识产权的优良新品种，由金冠×富士杂交而得到。果实近圆锥形，单果重170～180克，果面着1/2～1/3鲜红色，带有红色连续条纹，延期采收可全面着色。果面光洁无锈，果点稀疏、小，果皮厚而韧，果肉淡黄色，风味酸甜适中，有香味，9月中下旬成熟。树冠近圆形，树姿半开张。成枝力和萌芽率中等，以短果枝和中果枝结果为主，连续结果能力强，有较强的腋花芽结果能力，坐果率高。

短枝华冠是郑州果树研究所在河南孟州市华冠栽培主产区普通品种中选育出的短枝型新品种，具有典型的短枝性状，适宜密植栽培，早果丰产，易管理。

（三）早生富士

早生富士又叫弥贵，比富士早熟一个月。高接树第二年腋花芽即可结果，丰产性同富士。果实近圆形或扁圆形，单果重200克左右。果面底色黄绿，成熟时披红条纹。果肉黄白，致密多汁，含糖量高，肉质比富士好，但着色不如富士。品质上等，9月下旬成熟。

（四）红将军

日本选育的，早生富士苹果的着色系芽变品种，又名红王将。果实近圆形，果个大，平均单果重260克，最大单果重400克，果实底色黄绿，果面光洁，无锈，蜡质中等，果肉黄白色，肉质细脆可口，汁多而甜。在威海地区采收期9月下旬，比富士提前1个多月，耐藏性比富士苹果略差。生长势强，萌芽力中等，成枝力高，幼树易抽生2次枝，腋花芽多，较易形成花芽，丰产。

（五）千秋

日本品种。果实圆形或长圆形，果点中多、较明显，果皮薄；果肉黄白色，肉质细、致密、汁液多，风味酸甜，稍有香气，品质上。幼树生长势强，较直立，大量结果后树姿较开张，生长势转中庸。萌芽率高、成枝力中等，短枝较多，树冠内结果后的果枝易细弱。苗木栽后3～4年开始结果，易形成花芽，以短果枝结果为主，采前落果少，丰产。在华北地区于9月下旬成熟，果实较耐藏。应注意防止因水分失调而引起的裂果。

（六）元帅系的短枝型品种

1. 新红星

原产美国，是世界上栽培最多的品种之一。1964年引入我国，是最早用于生产的元帅系短枝型品种。果实高桩，五棱突起，果面浓红；短枝性状稳定，结果早，产量高，又有一定的抗逆能力，是一个中熟优良品种。

2. 首红

原产美国，由新红星的单枝芽变而来，1978年引入我国。果实着色早而全面，盛花后100天即出现红纹，130天全面着色，在平原地着色也好。具有典型的短枝性状，被认为是元帅系的最优品种。

3. 岱红

山东省果树研究所1974年选出的红星短枝型芽变，经过15年试栽观察，其早实性、丰产性均优于新红星，

1989年命名并推广。五年生树株产25千克左右，果实高桩，五棱突起明显，果面光洁而全红，综合性状不亚于首红，可以和首红一样作为中熟主栽品种。

（七）金冠

美国品种，又名金帅、黄香蕉、黄元帅。1914年在美国西弗吉尼亚州发现。金冠抗褐斑病能力较弱，在有些省区果实锈斑严重，故应注意选择栽培环境。果实长圆锥形，顶部稍有棱突，平均果重200克，皮薄，较光滑，底色绿黄，贮后变为金黄，阳面偶有淡红色晕，果肉黄白，肉质细脆，味浓甜稍有酸味，芳香清远。金冠也易发生芽变，截止到1967年，已发现的芽变有34个，其中著名的有金矮生、斯塔克金矮生、黄矮生、光金冠等。

（八）世界一

原产日本青森县，亲本为元帅×金冠。该品种结果大，鲜艳美观，品质上等，宜作礼品或摆放之用。果实圆锥形，单果重400克左右，最大800～1000克，底色黄色，阳面有断续粗红条纹。肉青白色，质细密，汁中多，有香气，甜酸，可溶性固形物12%～13%，9月上旬成熟。

（九）蜜脆

西北农林科技大学从美国引育的品种。果实圆锥形，有棱，平均单果重320克，果皮薄，底色黄，着鲜红色，有浓红色条纹，成熟后全红；果面较光滑，有蜡质，果梗短。果肉乳白色，汁液多，肉质细脆致密，酸甜爽口，特有蜂蜜味，香气浓，品质极佳。渭北果区一般于8月底至9月上旬成熟，着色不一致，需要分期采收。该品种极耐贮藏，室温条件下可贮存 3 个月，冷藏条件下可贮存 7 个月。

该品种可作为国庆、中秋两节应市中熟品种，可在西北苹果适生区适量发展。在栽培上应重视补钙，授粉品种宜选用藤牧一号、嘎啦系、元帅系、富士系等。

三、晚熟品种

（一）富士系品种

富士系为日本品种。我国在 1966 年引入，富士系现已发展为我国苹果主栽品种。

日本从富士品种内选出了 100 余个在果实着色、株型、成熟期方面不同的芽变系品种。如着色优良的岩富 10 号、长富 2 号等，短枝型的长富 3 号、宫崎短枝等，成熟期提前的早熟富士等。我国烟台市从长富 2 号又选出了着色早而迅速，色泽浓红艳丽、具有片红的烟富 1 号和烟富 2 号；惠民县从宫崎短枝中选出了惠民短枝红富士；烟台市又从惠民短枝红富士中选出了易着色、色泽浓红的短枝型烟富 6 号，并且发展很快。生产上对富士的着色系通常统称“红富士”。

富士系的果实为近圆形，底色黄绿或绿黄，阳面有红霞和条纹。其着色系全果鲜红，果面有光泽、蜡质中等，果点小，灰白色，果皮薄韧；果肉乳黄色，肉质松脆，汁液多，风味酸甜，稍有香气，品质上等，10 月中下旬成熟。

幼树生长势强，树姿较直立，结果后树冠开张，萌芽率较高、成枝力强，大量结果之前树易显上强下弱，应通过修剪加以调整；大量结果之后树势渐缓和，应注意更新、避免树势衰弱。果实很耐贮藏，在冷藏条件下可贮至次年 6 月。具有大小年结果现象。

富士系最为大家所常见的是红富士。该品种果实生育期为 170～175 天。果实圆形或近圆形，单果重 230 克，果面有鲜红色条纹，或全面着深红色，果肉黄白色，细脆多汁，酸甜爽口，稍有芳香，品种极好，且耐贮藏。该品种萌芽率高，成枝力强，结果较早，丰产，适应性强，适宜北方各个苹果产区发展。其缺点是耐寒性稍差，易感轮纹病、水心病等，应注意管理。

（二）澳洲青苹

澳洲青苹原产于澳大利亚，是一个世界知名的绿色品种。果实大，近圆形，单果重 200～130 克，果皮光滑、翠绿色，酸度大，果肉绿白色，果汁多，品质中上等。生理落果轻，成熟一致，熟前不落果，10 月下旬至 11 月上旬成熟，极耐贮藏，一般可贮存到翌年 4～5 月份，贮存后酸味减轻，风味变好，最适食用期为 2～3 月，其果实在国际市场上为高档品种。早果性强，很丰产、易管理，除供鲜食外，是加工果汁和饮料的优良晚熟品种之一。

（三）新世纪

原产日本，该品种树势稍微直立，树冠紧凑，花粉量多，抗斑点叶病和白粉病。果实长圆形，个大，呈浓红色，着色全面，果实肉质良好，果汁多，富有香气，10 月下旬成熟。普通贮藏和冷藏性较好，自然贮藏 30 天，冷藏可达 150 天。

（四）凯蜜欧

美国新品种，果实圆锥形，高桩，果实大，平均单果重 300 克；果点小、稀，果皮薄，果实底色黄绿色，果面着鲜红色，条纹红，成熟后果面全红，色泽艳丽；果梗细长，萼洼处有五棱突起；果肉黄色，味甜，质地脆，汁液多，香气浓郁，口感极好。果实可溶性固形物含量为 15%。在陕西渭北果实成熟期为 10 月上旬，比富士早 15 天左右。果实极耐贮藏，常温下可放 2～3 个月品质不变，普通冷库可贮藏 6 个月以上。抗性和适应性强，耐瘠薄，易管理。抗病抗虫性强，是目前苹果品种中最抗病虫害的品种之一。该品种单产高于红富士，连续结果能力强，比富士易管理。

（五）粉红女士

澳大利亚以威廉女士和金冠杂交培育而成，因果实具有极美丽的粉红色而得名。极晚熟品种。果实近圆柱形，平均单果重 200 克，果形端正，高桩；果实底色绿黄，着全面粉红色或鲜红色，色泽艳丽，果面洁净，无果锈，果点中大、中密；果肉乳白色，脆硬，汁中多，有香气。陕西渭北地区 11 月上旬成熟，耐贮藏，室温可贮藏至翌年 4～5 月。萌芽率高，成枝力强，幼树以长果枝和腋花芽结果为主，成龄树长、中、短枝和腋花芽均可结果。

（六）王林

日本福岛县从金冠与印度混栽园的金冠实生苗中选出，1952 年命名，1979 年引入河北昌黎果树研究所。果实椭圆形或卵圆形，重 250 克。底色黄绿，阳面有淡红晕，光洁，无锈。肉黄白色、质致密、脆，汁多，味甜，可溶性固形物 13.5%，微酸、有香气，品质上。10 月中旬成熟。

（七）望山红

辽宁省果树研究所 2004 年培育的苹果新品种，是长富 2 号苹果的枝变品种。果实近圆形，平均单果重 260 克，果形指数 0.87。果面底色黄绿鲜红色条纹，光滑无锈，果粉与蜡质中等，果点中大，果梗中粗，有波状突起。果肉淡黄色，肉质中粗，松脆爽口。一般于 10 月上中旬成熟。

第二章　优质丰产栽培技术

一、优质苗木标准（见表 2-1）

表 2-1　苹果苗木国家标准（国家标准局，1988 年）

项目		级别		
		一级	二级	三级
品种与砧木类型		纯正		
根	侧根数量	实生砧木苗、中间砧苗，5 条以上；矮化砧苗 15 条以上	实生砧木苗、中间砧苗，4 条以上；矮化砧苗 15 条以上	实生砧木苗、中间砧苗，4 条以上；矮化砧苗 10 条以上
	侧根基部粗度	实生苗、中间砧苗，0.45 厘米以上；矮化砧苗 0.25 厘米以上	实生苗、中间砧苗，0.35 厘米以上；矮化砧苗 0.20 厘米以上	实生苗、中间砧苗，0.3 厘米以上；矮化砧苗 0.20 厘米以上
	侧根长度	20 厘米以上		
	侧根分布	均匀，舒展而不卷曲		
砧段长度		实生砧：5 厘米以下；矮化砧：10～20 厘米		
中间砧段长度		20～35 厘米，但同一苗圃的变幅范围不得超过 5 厘米		
高度		120 厘米	100 厘米	80 厘米
粗度		实生砧苗：1.2 厘米；中间砧苗：0.8 厘米；矮化砧苗：1.0 厘米	实生砧苗：1.0 厘米以上；中间砧苗：0.7 厘米以上；矮化砧苗：0.8 厘米以上	实生砧苗：0.8 厘米以上；中间砧苗：0.8 厘米以上；矮化砧苗：0.7 厘米以上

续表

项 目		级 别		
		一级	二级	三级
倾斜度		15 度以下		
根皮与茎		无干缩皱皮，无新损伤，老损伤处的总面积不超过 1 米^2		
芽	整形带内饱满芽数	8 个以上	6 个以上	6 个以上
接合部愈合程度		愈合良好		
砧桩处理与愈合程度		砧桩剪除，剪口环状愈合或完全愈合		

二、建园技术

苹果树是多年生植物，一次定植，多年收益。传统栽培苹果园的更新周期一般在 30～50 年，有的甚至长达百年；矮化密植栽培苹果园的更新周期一般在 20 年左右，因此，高标准建园是实现苹果园早结果、速丰产、长期稳产、优质高效的基础。

（一）园地的选择

商品化栽培苹果，要选择光照良好、土壤肥沃、土层深厚、温湿度合适、自然灾害较少、地下水位较低、交通比较便利的地方建园，并要求园地与工厂、桃园、桧柏保持一定距离，或进行改造后方可建园。

1. 土层厚度与质地

一般要求土层厚度至少有 80～100 厘米。另外，适于栽培苹果的土壤，应是肥沃疏松、保肥保水能力强的沙壤土或壤土，否则，要进行改良。

2. 土壤透气条件

土壤透气条件的好坏，直接影响苹果树的生长发育。苹果树一般要求土壤氧气含量在 12%以上才能正常生长，

15%以上才能生长新根。

3. 土壤酸碱度

苹果树适应的土壤酸碱度以中性或微酸性为好。最适范围在pH5.5～6.8之间，但若砧木选择得当，pH5.0～8.0的范围内均可生长结果。

4. 地下水位

在沙滩地或黏土涝洼地建立果园，地下水位必须保证在1米以下。有些地下水位较高的土地，应通过挖排水沟等方法降低地下水位后再行栽植。

（二）果园规划与设计

果园的规则与设计，主要包括栽植区的划分，道路、包装场和建筑物的设置，排灌系统的规划，防护林的营造等。规划前必须进行实地勘测，有条件的也可以利用仪器进行测绘，绘制出整个果园的平面图，按图建园。

1. 种植区的设计

栽植区的大小，要根据园地的实际情况来确定。山地自然条件差异大，灌溉运输不方便，栽植区可小一点，一般20～30亩[1]为一个栽植区。平地管理方便，栽植区可大一点，一般100～200亩为一个栽植区。栽植区一般不要跨越沟谷和河流，原有的建筑物或水利设施均可作为栽植区的边界。

2. 道路和建筑物的设计

道路由干路、支路和小路组成，干路要贯穿全园，并与公路、包装场等相接，便于运送产品和肥料。在山地果

[1] 1亩=666.7米^2，全书余同。

园可呈“Z”字形绕山而上，上升的斜度不要超过 7 度，路面宽 5～8 米。支路需沿坡修筑，把大区分成小区，路面宽 4～6 米。小区间设小路，路面宽 2～4 米或 1～2 米。

包装场尽可能设在果园的中心位置；药池和配药场宜设在交通方便处或小区的中心，在山地果园，畜牧场应设在积肥、运肥方便的高处；包装场、贮藏库等应设在低处。而药物贮藏室则应设在安全的地方。

3. 防护林的营造

果园营造防护林，不仅可以防止风沙的危害、保持水土，还可以调节空气的湿度、温度，减少冻害和其他灾害天气的危害。防风林带的有效防风距离为树高的 25～35 倍。防风林的方向和距离，主要根据当地的风向和风力来确定，一般林带的方向与主风向垂直设置。

营造果园防护林的树种，应具有生长迅速、树体高大（乔木）、枝繁叶茂、寿命长、防风效果好、与果树无共同的病虫害、根蘖少、不串根的特点；尽量考虑选用乡土树种，适当选用针叶树种；具有一定的经济价值。一般常用的有：杨树、刺槐、梧桐、白榆、苦楝、华山松、紫穗槐、枸杞、花椒、毛樱桃等。

4. 排灌系统的规划

果园的灌溉方法主要有沟灌、喷灌和滴灌 3 种。生产中常用的是沟灌。其优点是投资小、见效快；缺点是投工多，水资源浪费大，易引起土壤板结，降低地温等。滴灌可以避免沟灌的缺点，但一次性投资大。若从长远来看，发展滴灌更经济。喷灌的投资和效益介于沟灌和滴灌之间。

（1）沟灌　沟灌的渠道由主渠道和支渠道组成。渠道的深浅和宽窄应根据水的流量而定。平地果园的主渠道与支渠道呈“非”字形，山地果园支渠道与主渠道呈“T”字形。渠道的长短按地形、地块设计，以每块地都能浇上水为准。

（2）喷灌　喷灌的管道可以是固定的，也可以是活动式的。活动式管道一次性投资小，但用起来麻烦。固定式管道不仅用起来方便，而且还可以用来喷药，起到一管两用的作用。即使喷药条件不具备，也可以用于输送药水。尤其是山地果园，在不加任何动力的情况下，就可以把药水送遍全园。

（3）滴灌　滴灌利用低压管道将水运送到树下，由分布在果园地面或埋入土内的滴头将水一滴滴地浸润土壤的灌溉方式。滴灌用水更省（比沟灌省水约75%，比喷灌省水约50%），且不破坏土壤结构，可维持稳定的土壤水分，对果树生长发育有利。但滴灌造价较高，管道及管道和滴头容易堵塞，在冬季结冻期不便使用且水源必须严格过滤。若从长远来看，发展滴灌更经济。

5. 授粉树的配置

苹果树为异花授粉结实树种，若品种单一，往往授粉不良，开花而不坐果。为了使新建果园高产、稳产，在选定主栽品种后，要合理地配置授粉树，并使其距离适宜，数量恰当。

（1）授粉树的标准

① 与主栽品种授粉亲和力强，最好能相互授粉。

② 授粉品种花粉量大，与主栽品种花期一致，树体

长势、树冠类型基本相似。

③ 授粉品种果品质量好，经济价值高，最好与主栽品种成熟期一致。

④ 主栽品种与授粉品种的比例一般为（4～5）∶1，授粉树缺乏时，最少要保证（8～10）∶1。

⑤ 应根据昆虫的活动范围、授粉树花粉量大小而定，一般距离主栽品种不超过 40～50 米，花粉量少的要更近些。

（2）配置方式　生产中可采用两种方式：一种是成行栽植，每隔 4～5 行配置一行授粉品种，便于田间操作；另一种是梅花形或间隔式，按照（4～5）∶1 的原则，在周围 4～5 棵主栽品种间配置一株授粉树，如果两个品种互为授粉树时，可采用各品种 2～4 行相间对等排列方式。

三、栽植技术

（一）栽植密度

随着栽培管理技术的提高，特别是矮化砧木和短枝类型品种的出现，栽植密度变化较大，总的趋势是树体矮小、密度增加。通常在采取相应的配套措施管理下，容易获得早期丰产，单位面积产量高，经济效益大。在具体选择栽植密度时，首先要根据品种特性、树冠大小来确定，如乔化品种的株行距大于矮化型品种；乔化砧大于半矮化砧；半矮化砧大于矮化砧。其次要考虑土壤状况，土层厚度适宜、土壤肥沃的，其株行距应大于土层浅、土壤瘠薄的。

此外，栽植密度还取决于间作计划、整形方式、栽植方式、机械化程度、总体管理水平等。主要品种的栽植密度参考见表 2-2。

表 2-2 主要品种的栽植密度参考

品 种	株行距/米	每亩密度/株	备 注
元帅系短枝型品种、烟青、绿光、矮化砧 M26 嫁接的乔化品种和金帅系短枝型品种	2×3;2×4;3×3	74～111	肥沃丘陵地
乔化型苹果树富士系、王林、乔纳金、红津轻、北斗、千秋、澳洲青萍	3×4;4×4;4×5	33～55	无浇水条件的山岭薄地
短枝型品种、M26 嫁接的短枝型、M9 嫁接的乔化砧品种	2×2;1.5×2	166～333	肥水较好的山地、平地

（二）栽植时期

1. 春季栽植

可掌握在发芽前进行，即 3 月中上旬至 4 月初。过晚温度上升树液已开始流动，散失水分而影响成活。春栽适合于土质肥沃、具备水浇条件的寒冷地区或平原。

2. 秋季栽植

在 11 月上中旬苗木落叶即可栽植。此时土壤湿度适宜、地温尚高，利于苗木根系伤口愈合。

（三）栽植方式与方法

1. 栽植方式

（1）长方形栽植　生产上应用最广泛，优点是行间通风透光，便于机械化作业。

（2）正方形栽植　一般在稀植条件下应用，通风透光，管理方便。但不适于密植。

（3）带状栽植（双行，篱式）　一般两行为一带，带间距为行距的 2～3 倍。带内可用长方形栽植，行距不宜过小，一般在 2～3 米。过密时行内操作不便，并影响后期光照和产量的提高。

（4）等高栽植　适于山地梯田和撩壕采用。

2. 栽植方法

（1）挖树坑或栽植沟　苗木栽植前，以测量好的栽植点（线）为中心挖坑（沟），坑或沟的深度应根据当地的土壤情况确定，一般深、宽各 80 厘米左右。挖坑时要把表土和底土分别放置，坑（沟）挖好后可将表土掺些有机肥，如圈肥、草坯土等填到坑里，然后灌水沉实、严防灌而不透、沉而不实，否则会影响成活率。

（2）在栽植前进行苗木处理

① 消毒。外地调入的苗木，栽前可用 3～5 波美度的石硫合剂药液喷布苗木的根、干消毒。

② 分级和修整。按苗木的大小、根系的好坏进行分级，尽量选用优质壮苗，若优质苗不足，也要优劣分栽，保持园貌的整齐。在分级过程中，对劈伤的枝干和主侧根应予修整。

③ 浸泡。由外地调入和贮藏中失水的苗木，栽植前必须在水中浸根 12～24 小时，或用稀泥浆蘸根，以利于苗木成活。

（3）栽植过程　将栽植坑（沟）内沉实土翻起捣碎，把苗放入深 10～20 厘米坑（沟）内，缺水的山岭地可适当加深 10 厘米，使根系舒展，随填土、随提苗、随踏实。埋土深度以保持苗木原来的土印为宜。栽好后在四周做一树盘，灌透水，水渗下后立即培土，以防水分蒸发和苗木摇动。

在干旱山区，为了提高增温保墒效果，待树盘灌水渗下以后，可以用地膜覆盖。

秋季栽植，可将定干的苗木埋土防寒，土堆高度40～50厘米，可防止苗木失水和抽干。同时要准备比定植数量多5%～10%的预备苗假植在株间或行间，以备补栽。

四、栽后管理

（一）土肥水管理

新定植幼树前期主要是保证土壤湿度。冬季埋土堆防寒的苗木，春暖化冻后，将土堆扒开，浇一遍透水，盖上地膜，既防干旱，又提高了早春地温，可明显地缩短缓苗期。在山岭薄地、灌水条件差的地区，覆盖地膜尤为重要。

1. 土壤改良

所谓“促树先促根，促根改土壤”，果园土壤管理的好坏，对于苹果的产量、品质是至关重要的。当前多数果园年复一年有机肥用量不足，只靠施化肥，加上耕刨较浅，造成果园土壤板结，活土层浅，有机质极度缺乏，成为稳产优质的主要障碍之一。因此必须通过土壤改良来克服上述不利因素。

土壤改良的方法有深翻增施有机肥、沙地果园抽沙换土、盐碱地果园土壤改良和山地果园土壤改良。

（1）深翻增施有机肥　深翻是松动土壤增加其通透性的主要措施。果树的根系分布深度为0～80厘米，因此果园土壤的活土层至少要达到80厘米深。熟化的过程主要是改良土壤的团粒结构，把无结构的板结层变成有结构的熟土层。所以应在深翻的同时施入大量的有机肥和植物秸秆。

深翻可根据有机肥多少及劳力情况进行全园深翻或局部深翻。前者是把行间和株间的土壤全部深翻，一年完成深翻任务。而后者则先从行间或株间进行，2～3 年完成深翻任务，在有机肥量不足的情况下，多采用株行间轮换深翻的方法。

扩穴也是深翻的一种方法，即从定植穴向外逐年开环状沟施肥，沟的深度为 50～60 厘米，宽度可根据肥量多少而定，一般每年开 50 厘米宽的沟，逐年向外直到全园翻通为止。

深翻时要表土、心土分放，不打乱土层，回填时各复原位。心土和施入的有机物（秸秆、烂草等）充分混合施在下层，经过腐熟的有机物与表土混匀填在根际层。

（2）沙地果园抽沙换土　沙地果园透气性好，养分分解快。但是由于沙地缺少黏粒，土壤无结构，肥水流失严重。改良的有效措施是抽沙换土，即把果园里的沙运走，从园外搬来好土填充，所以又叫客土改良。具体做法多是从行间开沟，把表层较肥沃的土翻放在树株间，而把下边根系分布层的沙运走，用运来的土填充，然后再把表土复原。换完行间以后，再按同样的方法挖出株间下层的沙，逐渐使根系分布层的土壤得到全部改良。

有些平原沙地果园上层为粉沙土，下层往往有黏土层，可把下层的黏土刨松翻上来和沙土掺和，起到改良沙土的目的。

掺黏土和增施有机肥料也是改良沙地的好方法。把运来的黏土铺在地表，然后深刨，使土和沙充分混合。在掺黏土改良的同时，采用环状沟施或带状沟施法，增施有机肥料，开沟深度一般为40～60厘米，施入的肥料与土充分混合。

(3) 盐碱地果园土壤改良　苹果树适宜中性到微酸性的土壤，山东西部及北部的平原区土壤多偏碱，个别地区的pH值在7.8以上，常出现黄叶病，应该加以改良。改良的方法有浇淡水洗碱和深翻增施有机肥。

① 浇淡水洗碱。果园中顺树行每隔20～40米挖1条排水沟，深1米，宽1.5米。同时在园外开挖深于园内排水沟的排水渠，使水能顺利地排出园外。修好后定期引淡水（如黄河水）洗碱。

② 深翻增施有机肥。有机肥料施入土中后，经微生物分解产生有机酸，可中和土壤中的碱。有机物分解产生的有机胶体能把土粒黏结在一起，形成稳固的团粒结构，增大土壤孔隙，减少蒸发，能防止返碱。在有机肥缺乏的情况下，可以以草代肥，即结合深翻施入作物秸秆，在深翻的同时把秸秆铡碎与土壤混合，加点速效氮肥或人粪尿，也能起到隔碱、改碱的目的。

除此之外，一切能阻止毛管水上升、减少蒸发的措施都能改良盐碱地。如地面盖15～20厘米的草或铺10厘米厚的沙，勤锄地切断毛细管防止下层水上升等。对于明显偏碱的地应在建园之前进行改良，较好的方法是种植吸碱的绿肥。如田菁，种植一年能使0～3厘米土层内的盐分从0.65%降到0.36%，可连续种几年，直到含盐量降到0.1%以下时再建园。

（4）山地果园土壤改良　山地果园多数土层薄，耕层内石砾较多，水土流失严重。改良的重点是保持水土、增厚土层，多施有机肥，以便提高土壤肥力。

山地果园不仅土层薄，而且下层多为碎石，应在定植穴基础上结合施基肥逐年扩穴，一般深度应达到60～80厘米，每年扩穴的宽度可视有机肥的量，最好每年向外扩展50厘米，直到全园扩通为止。

20世纪80年代在苹果低产园开发研究中，泰安市郊区采用“爆破松土法”取得了良好效果。山地果园在休眠期每亩打炮眼40～60个（炮眼开在株间和行间），先清除表土露出硬底层，开凿直径5～6厘米、深1米的炮眼，每眼装0.5千克硝铵炸药、雷管一个、导火线1米，引爆后清除石砾，填入表土并结合施有机肥和灌水。此法可较快地改良山地果园土壤。

（5）土壤耕翻除草　耕翻可使土壤熟化，增加通透性。果园耕翻一般在秋季或春季进行。秋翻能在冬季更好地保持雨雪，提高土壤含水量。同时能把在土中越冬的害虫刨出来，被鸟禽取食或冻死，因此可消灭越冬害虫。秋耕一般在果实采收后结合施基肥进行，翻耕深度应在30厘米以上。除每年一次耕翻之外，还要在生产季中进行多次中耕。一般降雨或灌溉后都要及时中耕，以减少水分蒸发。在清耕条件下果园容易生长杂草，应及时锄草，每年至少要锄4～5次，保持果园疏松、无草状态。

2. 施肥

施肥是维持土壤肥力、满足果树生长发育所需营养元素的重要措施。施肥的种类、数量和方法，以及各种元素的配比都会影响施肥效果。因此生产中必须掌握科学的施肥方法和正确选择肥料种类。

（1）肥料种类

① 有机肥。圈肥、堆肥、鸡粪、人粪尿、各种饼肥、草肥及绿肥等都是有机肥。这些肥料中含有植物所需的多种营养元素，不仅能满足果树对营养元素的需要，而且分解后能增加土壤中的腐殖质含量，可有效地改良土壤结构，使土壤中的水、肥、气、热等肥力因素更协调。有机肥用量多的果园，微量元素丰富，不会发生缺素症。因此有机肥是稳产、优质、丰产的重要肥料。

有机肥施入土壤中需要经过腐熟分解才能被果树吸收利用，所以有机肥是迟效肥料，主要用作基肥。

② 化肥。多数化肥只含有一种营养元素，通常按所含元素分成氮素化肥、磷素化肥和钾素化肥。有些化肥含2种或3种以上的元素，称为复合肥。

a. 氮素化肥。尿素、硫酸铵、硝酸铵、碳酸氢铵及氨水都是氮素化肥。实践中看到，在氮素适量的条件下光合作用强，树体生长健壮，叶色深绿、明亮，成花多，坐果率高，果实个大。氮素过多时易造成旺长，特别是幼树容易旺长不结果。相反，氮素不足时，蛋白质及叶绿素合成都受影响，枝条生长衰弱、叶片小而黄，难于成花结果。在开花坐果期氮素不足，则会造成大量的落花落果。

b. 磷肥。常用的有过磷酸钙、钙镁磷肥等。使用时多和有机肥配合应用。增施磷肥对促进花芽形成、提高坐果率、改善果实品质都有好处。但磷素过多时会影响根对锌、铜的吸收，引起缺锌、缺铜症，也影响对氮、铁的吸收。当磷不足时新梢、根系生长减弱、叶小而灰绿，严重时叶缘坏死。

c. 钾肥。常用的钾肥主要有氯化钾和硫酸钾、硝酸钾、草木灰等。苹果树施用钾肥可促使植株生长发育健壮，提高其抗性，同时还有减轻腐烂病的作用。

草木灰是以钾素为主的多成分肥料，是农村中钾肥的来源之一。除含有较高的钾、钙以外，还含有磷素。草木灰可用作基肥和追肥，特别是用1%～4%水浸提取液进行叶面喷布有较好的效果。值得注意的是草木灰是碱性肥料，不要把大量的草木灰和铵态氮肥及腐熟人粪尿混合施用，以防氨挥发跑掉，有些地方习惯把草木灰倒在厕所里保存是错误的做法。

一般化肥都具有速效性，施入土壤中可较快地被吸收利用，所以化肥多作为追肥。

对于苹果树来说，氮、磷、钾肥的作用各不相同，但在植物体内却是互相影响的，施肥时必须全面考虑。一般要求氮、磷、钾肥配合使用。

d. 多元素复合肥。复合肥中的元素含量习惯用氮、磷酸和氧化钾表示。幼龄时期需磷较多，一般为氮、钾的2倍，故氮、磷、钾的比例可按1∶2∶1。进入结果期以后，则需要较多的氮肥和钾肥，氮、磷、钾的配合比例为2∶1∶2。

氮、磷、钾肥的作用各不相同，但在植物体内却是互相影响的，施肥时必须全面考虑。例如：磷、钾肥可促进根系生长，增强对氮的吸收能力，可提高植株的氮素水平。磷、钾还能使新梢成熟，及时停止生长，有利于花芽分化和安全越冬。磷肥可以防止因缺钙产生的水心病，而钾过多却会造成水心病加重。因此有水心病发生的果园要重视增施磷肥，少施或不施钾肥。

e. 微量元素肥料。在果树生产中除及时补充氮、磷、钾等大量元素外，还要补充微量元素。苹果树需要较多的微量元素有铁、硼、锌、锰、钼等。当微量元素缺少时，就会发生生理病害，如缺铁时出现黄叶病、缺硼时出现缩果病、缺锌时出现小叶病等。

(2) 施肥方法和时期

① 基肥。果园基肥一般以有机肥为主，在每年秋季施入。果园施基肥的方法是以定植穴为中心，逐年向外扩展，每年从树冠外缘向外开宽 50 厘米、深 50 厘米左右的环沟、条状沟，把肥料和土充分混匀后施入。

幼树一般采用环状沟施或轮换沟施。在肥料较少和不需要深翻扩穴的情况下可用放射状沟或局部穴施。

② 追肥。主要追施速效性化肥，根据果树年周期中的生长变化，及时补充树体对营养元素的消耗。追肥多采用放射状沟施或多点穴施，也可采用环状沟施，但开沟的深度和宽度都比施基肥小。追肥多用氮素化肥和氮磷及氮磷钾复合肥，苹果在年周期中需要进行如下几次追肥。

a. 开花前两周。以速效氮肥为主。可以促进生长，增强树势，提高坐果率。

b. 落花后。同样是追速效氮肥，补充开花、坐果消耗的养分，满足新梢生长对养分的需要。以便减少落果和保证新梢旺盛生长。

c. 生理落果后。此时幼果已经定坐，新梢（春梢）

停止生长，临近花芽分化，追施多元素复合肥，如磷酸铵、三元复合肥等。促进根系生长，提高叶功能，有利于花芽分化和果实膨大。

d. 秋梢停长期追肥。以速效氮肥为主，配合磷钾肥，促进根系生长，提高叶片光合能力，保证果实后期膨大，充实花芽，增加树体养分积累，提高果实品质。

以上几次追肥中以第 2、第 3 次最重要，生产上应该予以注意。另外，追肥时还要注意因树施用，对于弱树应在萌芽前、新梢初长期追肥，结合灌水，促进新梢生长，使弱树转强。对于生长旺、徒长不结果的树则以在秋梢停长期追肥为主，以便避开旺长期，缓和枝叶旺长，促进短枝分化花芽。

(3) 施肥量　追肥一般用量不宜过多，1～2 年生的幼树每次每株可追 50 克左右，2～3 年生每次追 100 克左右，5～6 年生已开始结果，每次可追 150 克左右，大量结果的树每次则可追 250～500 克。在没有分析化验条件的情况下，生产上多凭经验和试验结果确定施肥量。

(4) 根外追肥　根外追肥又叫叶面喷肥，把肥料溶液喷在叶面上，通过气孔进入树体。比根际施肥更经济，肥效发挥更快。如土壤施磷肥吸收率只有 6%～9%，而叶面喷磷肥吸收率为 20%～50%。

一天中以清晨或傍晚喷肥较好。在苹果花后每隔 10 天喷 1 次尿素可促进短枝叶和花序下的叶片生长，增大叶面积，提高叶绿素含量，从而提高坐果率；春梢停长期连续喷肥有利于花芽分化；果实成熟期喷施磷钾肥可增进着色、改良品质。但是，根外追肥应用的浓度低，维持时间短，一般应和土壤追肥相配合，见表2-3。

表 2-3 根外追肥的肥料种类和使用浓度

种　类	使用浓度/%	应用时期
尿素	0.3～0.4	花后至采果期
过磷酸钙	1.0～3.0(浸出液)	新稍停长期
草木灰	2.0～3.0(浸出液)	生理落果后,采收前
硫酸铵	0.2～0.3	花后至采果前
硫酸钾	0.2～0.3	生理落果后,采收前
硫酸二氢钾	0.3	7月下旬以后
硫酸锌	3	萌芽前3～4周
硼砂	0.1～0.3	盛花期

3. 灌溉

水是果树的重要组成部分。体内的一切化学变化都要在有水的条件下进行。土壤中的养分只有在溶于水的条件下才能被吸收利用。更重要的是水是光合作用的必要原料，是形成产量的基础。另外，只有在有水的条件下才能维持果树蒸腾，调节树体温度，保证光合产物及矿质营养的运输。所以在苹果树栽培中，适时浇水是保证早果丰产、稳产、优质的重要条件之一。

(1) 灌溉时期　判断是否需要浇水主要看土壤湿度。苹果生长期间最适宜的土壤湿度为田间最大持水量的60%～80%。所以一般在田间最大持水量50%左右时就开始浇水。

确定浇水适期除根据土壤湿度外，还要考虑气候条件和苹果本身的生长发育阶段。

① 发芽前后至开花期。此时浇水可促进新梢生长，

加大叶面积，增强光合作用，保证开花坐果。北方果区春旱，此期灌水尤为重要。

② 新梢生长和幼果膨大期浇水。这时果树的生理机能最旺盛，称为需水临界期。水分不足时叶片争夺幼果中的水分，造成落果。严重干旱时叶片还会向根组织争水，影响根的吸收作用，致使果树生长弱、产量低。

③ 果实迅速膨大期浇水。生理落果后留下来的果实迅速膨大，花芽大量分化，浇水可满足果实肥大对水的要求，促进花芽分化，为连年丰产创造条件。但这次浇水要掌握需浇不过量，小水看情况，只促叶功能，不促枝旺长，因为浇水过多反而会促进生长，影响花芽分化。

④ 采果前后及休眠期。秋施基肥后应立即浇水，以便根系尽早恢复吸收功能。落叶后浇水能有效地保持土壤温度，对安全越冬甚为有利。

（2）灌溉方法　目前大部分果园采用地面灌溉，常用的方法有漫灌、畦灌、穴灌、沟灌等。

① 漫灌。在水源丰富、地势平坦的地区，常实行全园灌水，此灌溉方法费水、费工、费时，对土壤结构有一定破坏，不加提倡。

② 畦灌。以树株为单位修好树盘，或顺树行做成长畦，灌水时把水引入树盘或树畦。这种方法节约用水，好管理。但同样会使树畦土壤结构遭到破坏，造成吸收根死亡。

③ 穴灌。当水源缺乏时，可在树冠投影外缘开8～12个直径30厘米左右的穴，穴的深度以不伤根为宜，将水注入穴中，水渗后填平。

④ 沟灌。在两行树之间每隔一定距离开 1 条灌水沟，当行距较小时两行树之间可只开 1 条沟，把水放进沟中。此种方法既节约灌水，又不致破坏土壤结构，主要靠渗透湿润根际土壤，土壤的通气状况不会遭到破坏，应该提倡。

除地面灌溉之外，近年发展的科学节水灌溉方法是喷灌和滴灌。

⑤ 喷灌。目前世界各先进国家已广泛应用，我国少数地区也已开始采用。整个喷灌系统包括水源、动力、水泵、输水管道及喷头。喷灌可节约用水 20%以上，不破坏土壤结构，保持原有的疏松状态。同时可调节果园的小气候，防止高温和干热风对果树的伤害，还能提高叶片的光合效率，增加产量。

⑥ 滴灌。滴灌始于英国，是机械化与自动化相结合的先进灌溉法，很有发展前途。

采用滴灌法水分经过滴头直接湿润根际土壤，大大减少了水分蒸发，能节约用水 50%左右，越是干旱的地区节水效益越明显。建设滴灌系统需要管材较多，投资也大；管道和滴头容易堵塞，因此水源必须经过严格过滤。

（3）灌溉量　不管采用哪种浇水方法，1 次的灌水量都不能太大和太小，以湿透主要根系分布层的土壤为适宜。具体确定灌水量时还要考虑土质和果树生长发育时期。沙地肥水易渗漏，宜少量多次；盐碱地应注意不要接上地下水。果树发芽前和休眠期可浇透水，花芽分化、果实成熟期则注意浇水不过量。

（二）整形修剪

1. 整形修剪的依据

整形和修剪是两个不同的概念，但两者是相互依存、互相联系、互相配合、完整统一的。果树整形修剪的依据可以概括为五看：一看品种特性；二看树龄时期；三看生长势；四看环境条件；五看修剪后的树体反应。把情况分析透了，修剪才有充分的依据，才能灵活地运用各种修剪方法，发挥整形修剪的调节作用。

（1）根据品种的生长结果习性进行修剪　苹果树品种不同，其生长结果习性也各不相同。有些品种萌芽率低，成枝力弱，潜伏芽寿命长，幼树期应掌握少疏多截，促生分枝；盛果期枝多，可加大疏剪量。而萌芽率高的品种，如富士等品种，则掌握多疏、少截。有腋花芽结果习性的金冠、祝光等品种，应充分利用腋花芽结果，培养枝组，可以采取先轻后重的办法，促生短果枝。结果枝寿命长的元帅、青香蕉等品种，应着重培养短果枝，增强结果能力，延长结果寿命。而结果枝寿命短的红玉等品种，应及时更新枝组，并培养新的枝组结果等。

（2）根据不同的年龄时期进行修剪　幼树期：枝条直立，不开张，长枝多，短枝少。修剪的任务是促进生长，开张角度，扩大树冠，建造树形，采取多截少疏，充分利用辅养枝，局部控制使其迅速转化为结果枝。

初果期：5～6 年生苹果树，已形成少量花芽结果，此时树的生长势较强，要继续扩大树冠，安排骨架，尤其要选择和培养主侧枝，充分利用层间和下层辅养枝，使其尽量转化为结果枝。此期整形修剪和结果并重，为进入盛果期大量结果培养好骨架和结果枝组。

盛果期：10 年左右大树，长势逐渐缓和，结果量增加，修剪要保持树势稳定健壮，选留优质果枝结果，稳定增产，提高果品质量，延长结果年限。因此，修剪要细致，着重枝组的更新复壮，注意调整主侧枝的从属关系，均衡树势，不断改善内膛光照条件。对多年的辅养枝要及时清理和疏除。

衰老期：修剪上要注意更新复壮，合理负载，尽量延长结果年限。

（3）根据不同的生长势进行修剪　果树的生长势可分为强旺、中庸、衰弱三种类型。树强旺，应该轻截，缓和树势。树衰弱应去弱留壮，适当短截，控制花、果留量，促进树势的恢复。只有根据不同树势进行修剪，使果树有健壮中庸的树体，才能达到稳产丰产的目的。

（4）根据不同环境条件和栽培管理技术进行修剪　土质肥沃，地势平坦，浇水条件好，果树的生长势较强可采用大冠型整形，树冠可适当高些，层间距大些，修剪量宜轻一点，使树快长，早成形，早结果。

土层薄、土质差的丘陵地，肥水一般，栽植密度较大，宜采用小冠型整形。若株行距较大，可把骨架拉大，使树冠增大些。土肥水条件差，果树生长势较弱，树冠则宜小不宜大，树干要矮，主枝数目可多些，层间距不可过大。修剪时多用壮枝壮芽短截。同是山地，向阳坡光照好，土层一般偏薄，缺水；背阴坡光照条件差些，土层一般较厚，土壤含水量较高，整形与修剪应有差别。在向南、向西南坡，果树枝干常发生日灼，修剪时应多留些枝叶遮阴。风对整形也常有较大影响，如红星等品种枝条软，春夏季风多，常使迎风面枝角度小，应注意降低树干高度、拉枝开角等。在冻害较重的地区或抗寒性较差的品种，冬剪时应适当多留花芽，并多利用腋花芽和副梢花芽等，或采取防寒措施。

（5）根据修剪后的树体反应进行修剪　修剪后的树体反应是整形修剪的重要依据，也是鉴定修剪技术正确与否的重要标准。如上一年疏枝过重或短截过重，枝条生长过旺，则下年应适当轻剪；如果枝细弱，花量过多，下年应多疏一些质量差的花芽，防止下一年小年。

2. 整形修剪的原则

果树整形修剪的原则也可概括为五做到：一做到小树助长，大树防老；二做到轻剪为主，轻重结合；三做到因树修剪，随枝做形；四做到统筹兼顾，合理安排；五做到冬夏结合，综合运用。

（1）小树助长，大树防老　苹果树自栽植后，年年要进行修剪。幼树阶段，树龄小，枝量少，按照整形的要求，要促分枝，促长树，早成形，早花早果。除留作骨干枝的枝条之外，对其他枝条作辅养枝处理，一是辅养树体生长，二是利用其占补空间，早结果。

大树防老，是指树龄已大，到盛果期的树，枝量大，产量高，修剪着重考虑的不是整形，而是如何维持树势中庸，稳定结果部位，及时更新复壮枝组，保持稳产和延长结果年限，防止衰老。

（2）轻剪为主，轻重结合　在全树轻剪为主，增加总生长量的基础上，对某些局部则要根据需要，该轻则轻，该重则重，轻重结合。如对骨干延长枝，要留壮芽适当短截以促发壮枝，扩大树冠和培养牢固骨架；对辅养枝要轻剪缓放，少疏多留促使形成花芽，但对某些影响骨干枝生长和内膛光照的辅养枝要逐步疏枝回缩。另外，对旺树采取轻剪缓放，对弱树则应在加强土肥水管理的基础上适当重剪。

（3）因树修剪，随枝做形　由于品种、树龄不同及立地条件、栽培技术的差异，果树的生长和结果表现总是千差万别，修剪时既要考虑树形、品种特点和株行距的大小，对每株树、每个枝的修剪则要灵活掌握，随枝就势，加以引导。千万不可机械地为造形而修剪。所以，既要对全树有总体设想，又要根据每个枝的长势、角度、位置进行适当调整，使之形成一个良好树形，安排好大、中、小各类结果枝组，成为一个丰产的树体。

（4）统筹兼顾，合理安排　对幼树至初果期来讲，既要统筹安排好骨架，形成良好的树体结构，又要合理安排和利用辅养枝，尽量转化为结果枝，使其早结果，早丰产。对盛果期树，生长和结果兼顾，修剪上要保持树体稳定，促进枝组健壮生长，才能丰产稳产。

（5）冬夏结合，综合运用　冬夏结合即冬季修剪与夏季修剪（生长季修剪）相结合，综合采用疏、截、缓、撑、拉、别、刻芽、摘心、扭梢、环剥、环割等方法。冬季修剪便于整形和调整骨架，有利于促进生长；夏季修剪可使树冠通风透光，调节和缓和生长，培养结果枝组，促进花芽分化，尤其是幼树、旺树，冬剪和夏剪结合，甚至以夏剪为主，对培养果树骨架、调节树势、促花效果尤为明显，应大力推广应用。

3. 几种常用的丰产树形

苹果的常用树形一般可分为两大类，一类是有中心干的，一类是无中心干的。有中干者，依据主枝排列方式可分为主干疏层形、十字形、小弯曲半圆形、小冠疏层形、纺锤形、圆柱形、扇形等；无中干者，只有3个或4个大主枝，称为开心形、三挺身等。

(1) 纺锤形　纺锤形树形又可分为自由纺锤形和细长纺锤形两种。其树形具有适于密植；结构简单，树冠小，通风透光，易管理；4～5年生以后，产量大幅度增加的优点，但不太适于乔化品种和乔砧苹果。

自由纺锤形是我国近年来推广应用的一个树形，其特点是树冠小、成形快、修剪量小、结果早，适用于半矮化和短枝型品种，是密植条件下常用的树形。该树形主干高50厘米左右，树高2～3米，有主枝15个左右，均匀分布在中心干四周，无明显的层次。

细长纺锤形是一种高密植早果丰产树形，适宜于株距小于2米的短枝型品种和矮砧果园。全树上下有15～20个侧生分枝，均匀分布于中心干的上下和四周。在整形过程中应注意保持上弱下强和上小下大的状态，中心干上保持15～20个侧生分枝。

这两种树形成形后，树高2～3米，冠径1.5～2米。第一年修剪时，应选用生长势弱的新梢作为枝头，对从主干中萌发出来的长枝条根据空间大小改造利用，过密枝条从基部疏除；第2～3年修剪时，若长势旺则继续选用弱梢作为延长枝，但不必短截。对主干上部着生的旺枝要及时疏除。4～5年后，修剪时，长放延长枝头，稳定树冠，疏除内膛徒长枝。

（2）小冠疏层形　小冠疏层形是在原有主干疏层形基础上改造而成，适应于树冠在 3 米左右的中密植果园，一般是乔化密植园应用。

与主干疏层形相比，其不同之处：一是树冠小，干高 40～60 厘米，树高 3 米左右，冠径 3 米，树冠成半圆形。主枝的数量虽然也为 5～6 个，分 2～3 层在中心干上排列，但主枝的长度缩短，粗度减小，层间距也相应缩小。第一层与第二层之间的距离可保持在 60～80 厘米，第二层与第三层之间的距离则可减少到 40～60 厘米。侧枝的配备除只在下层 3 个主枝上配备 6 个侧枝外，其他主枝上直接着生结果枝和结果枝组。主、侧枝交错分布与排列，第一层主枝上各侧枝顺序排列，第二层主枝上无侧枝或有小侧枝 1～2 个，上下层错开。

该树形低干、矮冠、树高 3 米左右，冠形指数 0.8 左右，呈半圆形轮廓。其优点是骨干枝少，尤其侧枝少而小，结构简化，适于密植，易于成形，产量较高。其缺点是栽后几年修剪量较重，开始结果年限比纺锤形晚 1～2 年。

（3）主干疏层形　主干疏层形是我国苹果产区一个传统的丰产树形，它以其骨架牢固、树冠大、各种类型枝分布合理、负载量大、单产高、寿命长等优点，深受人们喜爱，至今仍是稀植果园的推广树形。

该树形主要由主干、中心干、主枝、侧枝、辅养枝等构成。树高 3 米左右，有主枝 6～7 个，主枝自下而上按 3、2、1、1 的次序，螺旋形分层排列在中干上。主干高 50 厘米左右，第一层 3 个主枝，平面夹角应为 120 度均衡分布。层内距一般不超过40厘米。每个主枝一般安排三个侧枝，且侧枝应留在同一方向，即第一主枝的第一侧枝如果在左面，第二、第三主枝的第一侧枝都要留在左面，第二、第三侧枝依此类推。第二层两个主枝，层间距80～100厘米，各层主枝、侧枝插空交错排列，层间距40厘米左右。每个主枝只留一个侧枝。各层的主侧枝之间可生有若干辅养枝和枝组。

该树形低干、矮冠，呈大半圆形轮廓。其优点是骨架庞大、牢固，修剪量较轻，结果多，单株产量高。不足之处是整形时间长，结果偏晚，只适宜于株行距4米以上的稀植果园。

（4）自然开心形　此形是只有基部一层三大主枝的树形，枝组多，修剪量轻，成形快，结果早，易于密植。树高2.5米，主干30～50厘米。主枝在主干上多为邻近形式排布，以充分利用空间。主枝上各着生2～3个侧枝，并留有背后侧枝，以利扩大树冠。一般充分利用各主枝上向内斜生的分枝，培养为结果枝组充实内膛，扩大结果面积。此形通风透光性好，利于改善果实着色和品质，但不利于立体结果，难以提高树体的产量。

（5）圆柱形　圆柱形树形又有自然圆柱形和弯曲圆柱形两种，是目前半矮化果园的理想树形之一。这两种树形骨干枝少，枝条级次低，结果枝组多，结果面积大，且早果、丰产、稳产。自然圆柱形树高2.5～3米，冠径2～2.5米，中心干上着生5～6层结果枝组，每层3～4个结果枝；结果枝组间的距离一般为30厘米左右，全枝上下都可安排枝组。

弯曲圆柱形定干高度60～70厘米，中心干每年短截，使其弯曲上升。中心干顶端两个芽抽生的主干延长枝和竞争枝弯倒拉平改造为结果枝组，用第3芽萌发的中庸枝条延长枝头。定植后1～2年内，对所有分枝进行重短截促发分枝，培养靠近主干的结果枝组。当枝组扩展到一定大小时，以轻剪为主缓和生长势促进花芽，使其早结果。进入结果期后，采用多重修剪方法保持生长和结果的协调平衡，保持树势稳定和连年丰产、稳产。

（6）折叠式扇形　此形树冠呈扁平形，是一种中心干弯曲而主枝不弯曲的树形。树体矮小，整形容易，结果早，产量高，最适于普通品种，也可适于乔砧短枝型品种。要注意的是若上部强枝控制不严，易出现上强现象；侧向大枝组控制不力，会郁密树冠。这种树形主干50厘米，每个主枝都是由中心干原头转换而来，顺行曲折成小弯曲状生长。全树共有六个主枝，着生于中心枝的曲折部位。主枝的伸展范围约1米左右，各主枝上不再着生侧枝，直接着生中、小型结果枝组。树体成形后，树高2.0～3.0米，株间连接起来酷似树墙，故易于篱壁式栽植。

折叠式扇形整形时，首先要求苗木朝嫁接部位的反向顺行斜栽，与地面约成45度角。在春季萌芽期继续将苗干顺行拉成水平状态，形成第一个弓，距地面40～50厘米。为了保证在弯曲部位的上方发生一个理想的强旺枝作新的中心干，可在预定的部位对芽上方进行刻伤，同时在生长期对其他部位的芽所萌发的新梢应及时地采用扭、拿、拉和摘心等措施进行控制。第二年按同样的方法将这个新培养的中心干朝相反的方向顺行弯曲，形成第二个弓，距地面 80～100 厘米。以后每年升高一层，均在与上一年相反的方向形成一弓，垂直间距 40～50 厘米。这样，每边各培养 2～3 个主枝，同侧的重叠主枝相互间距可保持 80～100 厘米。树高 2.5～3.0 米，顺行枝展 2.5 米左右，5～7 年成形。

4. 常用的修剪方法

（1）短截　将一年生枝剪去一部分、留下一部分的修剪手法为短截。根据短截的程度，可分为轻、中、重，极重四种手法。将一年生枝剪去很少一部分，称轻短截；剪去一半，称中短截；剪去一多半，称重短截；只留基部几个瘪芽剪截，称极重短截。

轻短截后，萌芽力高，成枝力低，中、短枝多，长枝易形成花芽，生长比较缓和，枝轴（即母枝）加粗较快。中短截后长势较强，抽生的长枝多，成枝力高，形成花芽少，轴加粗慢。重短截后发枝势更强，但发枝数量少，一般不形成花芽。极重短截后的反应近似于疏枝，与疏枝不同的极重短截可由瘪芽和副芽抽生 1～2 个中长枝，抑前促后的作用不如疏枝明显。在空间较小，急于求果的情况下，多用轻短截培养小型枝组。树的长势较旺时，采用轻短截的手法，可将长枝转化为中短枝，促进花芽形成，起到缓和长势的作用。中短截多用于培养大型枝组和剪截延长枝，增加中长枝的数量，在树势偏弱、空间较大、需用枝条时，用中短截。重短截多在枝条较密、需“里芽外蹬”，或培养紧凑型枝组时应用，因其修剪量偏大，在现代苹果修剪中应用较少。极重短截是一种减少生长量和枝量的修剪手法，常在枝条密集、强枝换弱枝时使用。枝条生长在优势部位、极重短截留桩偏高时，易出现一枝换一枝或一枝换两枝。若苹果夏季短截，烟青、绿光截后易形成花芽，富士截后易生成细枝。

（2）缩剪　对多年生枝剪截叫缩剪。缩剪的反应与被剪枝的长势、缩剪口的留法有密切关系。被剪去的枝生长弱，母枝角度小，剪后对剪口下第一枝有促进作用；被剪去的枝生长强，母枝角度大，剪后能削弱剪口下第一枝的长势，促进第二枝生长；缩剪口靠近剪口下第一枝，或有意识地加大剪口，能削弱第一枝的长势，促进第二枝的生长；缩剪口不靠近剪口下第一技，能促进第一枝的生长。

缩剪主要用于调整空间，更新枝组和改变枝的发展方向。根据缩剪的作用，缩剪还可以加强或削弱枝的先端长势，达到平衡势力的目的。

（3）疏枝　将枝从基部剪去叫疏枝。疏枝后造成的伤口能阻碍母枝营养上运，对剪口以上的枝芽有削弱作用，对剪口以下的枝芽有促进作用。有意识地加大疏枝后的伤口，抑前促后的效果更明显。除在枝条过密时应用疏枝的办法调整空间外，在外强内弱、上强下弱的情况下，也常用疏枝的手法，抑前促后，平衡长势。

（4）抹芽　苹果树在整个生长季都须抹芽。抹芽应在萌发初期进行，早抹节约营养，晚抹既浪费营养，也影响光照。不定芽萌发的枝，只能在萌发后抹除。不需要竞争枝时，可在剪截延长枝的同时，抠去剪口下第二芽；剪口附近的背上芽不需其萌发时，也可抠去；枝条拉大角度后，抠去弓起部位的背上芽，防止弓起部位旺长。

（5）甩放（缓放） 甩放就是不剪。枝条甩放后的反应近似于轻短截，对于缓和长势、提高萌芽力、促进花芽形成的作用比轻短截更明显一些。如果在甩放的同时，加大被甩枝的角度，并在基部环剥，形成花芽的效果更好。在树势较旺、花芽较少、需培养小型枝组时，多采用甩放的手法。

（6）刻伤 将韧皮部刻去一块，称为刻伤。冬季在芽或枝的上部刻伤，可阻碍春季营养上运，能促进伤口以下的枝芽生长。某个部位缺枝时可以刻芽求枝，补充空间。在低龄枝的芽前刻伤，抽枝率高；在高龄枝上刻伤，抽枝率低。品种间，国光刻伤后抽枝率高，元帅系抽枝率低。冬季修剪时在芽的下部刻伤，可削弱该芽来年的长势，此法用在竞争枝上（延长枝剪口下第二芽），可减弱竞争枝的长势，保证延长枝健壮生长，甩放或轻短截的枝条，最易光秃，冬季可在枝条中后部的芽上刻伤，促其萌枝。刻伤的伤口长度要与芽盘的宽度一致，不要环刻一圈，以免死枝，深达木质部，并将中间的皮去掉。刻伤只对伤口最近的一个枝芽起作用，对其他枝芽的影响不大。

（7）别枝 别枝是人工加大枝条角度的一种手法。角度改变后，枝的生长中心也随之发生变化。角度小时，顶端优势强，加大角度后可以削弱顶端优势，起到均衡枝条前后长势的作用。枝条被别后，前后营养分配均衡，能够增加短枝数量，促进花芽形成，提高坐果率和结果量。常见苹果品种中，金冠、红玉等别后成花效果较好，国光次之，元帅系较差。别枝的同时基部环剥，形成花芽的效果更好。

别枝是加大枝条角度、缓和长势、促进花芽形成、增加果品产量的一项重要措施。在密植和超高密栽培果园中，别枝更是必不可少的整枝手法。

(8) 环剥　将枝的皮部呈环状去掉一圈称环剥。

环剥是一种夏季修剪措施。苹果一般在5月下旬、6月上旬开始环剥有显著的促花效果。

环剥口的宽度视枝轴粗细而定，枝细则窄，枝粗则宽，一般以枝轴直径的1/10为宜，即使粗枝也不要超过0.5厘米，以免引起死枝。过窄时，促花效果差。环剥口要深达木质部，边沿光滑整齐，中间的皮呈环状去掉。环剥的对象多为临时枝、裙枝、辅养枝和生长旺盛的枝组，一般不要环剥骨干枝，以保证骨干枝的长势。

(9) 扭梢与扭枝　新梢半木质化时扭后别下称扭梢。扭梢也是一种夏季修剪措施。扭梢的主要作用是破坏新梢的营养运输渠道，抑制顶端优势，减弱长势，促进花芽形成，前部扭梢，后部环剥，促花效果更好。扭梢主要用在幼旺树的直立枝上，目的是控制旺长。成龄大树旺枝少，一般不扭梢。果台副梢扭梢后，不仅可控制新梢旺长，而且由于减少了营养竞争，可起到减轻生理落果的作用。

扭枝是一种破坏输导组织，控制旺长的措施，一般在休眠期进行，操作时，只要听到“喀嚓”一声，被扭枝出现一道道斜纹即可。扭枝后，可明显削弱长势，如果再配以拉枝和环剥，可起到控长和促花的双重作用。

(10) 摘心　夏季掐掉新梢顶端的幼嫩部分为摘心。目的是控制旺长，减少营养竞争。但是摘心促生二次枝的效果较差，摘后往往只在先端萌生一个枝，如果要增加二次枝的数量，应采用夏季短截。生产中摘心应用较少。

（11）拿枝　拿枝是人工软化增大角度的一种手法，春季都可进行。春季树液刚刚流动后，枝条较软，容易操作，固定也快，较粗的枝应一手托住枝的后部，另一只手下压枝的前部，慢慢用力，逐步由内向外移动，以木质部出现“噬嗞”断裂声为宜，枝条粗而硬时，应反复进行几次，直至枝条平伸，略下垂为止。操作中注意不要用力太猛，防止枝条断裂，拿枝对缓和枝条长势、加大角度、提高萌芽力、促进成花，效果都很好。

5. 苹果树修剪时期

一般可分为休眠期的修剪（冬剪）和生长季节的修剪（夏剪）两个主要修剪时期。

（1）冬季修剪　冬剪时期是在果树落叶后、进入休眠期开始至果树树液流动前这段时期。这时正值农闲，有利于劳力安排，尤其是这时剪去枝梢，树体养分损失少，可促进树体及所留枝条抗寒力的提高和花芽的发育充实。

（2）夏季修剪　果树发芽后，枝叶生长时期所进行的修剪，其措施有摘心、抹芽、除副梢、扭梢、环剥、拉枝等。其主要任务是，削弱枝势与树势、改善风光条件，促进花芽形成，并对病、虫危害采取人工防治措施。

五、花果管理和艺术果生产

（一）花期管理

花果是果树各器官中对养分竞争能力最强的器官，花果过多，造成果个小，品质下降，树势衰弱。疏花疏果可以有效地节约养分，提高坐果率，提高产量，改善品质，防止大小年结果，维持健壮树势，优质丰产。

1. 人工疏花

在保证坐果率及预期产量标准的前提下，疏花越早越好。疏果不如疏花，疏花不如疏蕾，疏蕾不如疏花芽。若树体强健，气候正常，且能人工授粉，则尽量疏花蕾，辅助以疏果。

人工疏花时，先根据树干截面积法确定留花量，然后采用空间距离留花法疏花序，疏去弱差、晚开花序。并根据树体生长发育状况，调整果实在树体空间的分布。一般来说，树冠中部和下层要少疏多留，外围和上层要多疏少留；辅养枝、强枝多留，骨干枝、弱枝少留；具体到一个长轴式结果枝组上，要疏两头留中间。

（1）树干截面积法　据山东农业大学罗新书研究表明：苹果每平方厘米树干截面积负荷 3～4 个果，可实现果大质优，连年丰产。有研究证明：主干（主枝）截面积与其上所有枝组截面积总和相近，因此可把横截面积法应用到结果枝组。如结果枝组相当于玉米蕊时，留花量在 20～25 朵；相当于大拇指粗时，留 10～12 朵。

（2）空间距离留花法　在树冠空间上每隔 20～25 厘米留花一朵。大果品种 25 厘米，小果品种 20 厘米。若采用化学方法疏花，一定要先做小型试验，再应用。

（3）化学方法疏花　化学疏花虽省工，但由于各方面条件的限制，常常造成疏除不足或过头。常用药剂有：二硝基邻甲酚，浓度为 500～800 微克/克；石硫合剂，浓度 0.2～0.4 波美度；萘乙酸 2～5 微克/克；西维因 300～1800 微克/克等。

2. 花期人工授粉

选择适宜授粉品种，当花朵含苞待放或初开时，采集花粉。常用的授粉方法有人工点授和液体喷授两种方法。人工点授节约花粉、准确率高较为常用。

（1）采集花粉　当花朵含苞待放或初开时采摘花朵，采下的花放在篮中带回室内，在桌上铺层油光纸（挂历纸），将两花相对轻轻揉搓，使花粉囊落下，去除花丝放在油光纸上阴干制粉。每亩苹果园需采 1.5 千克鲜花。一时处理不完的鲜花应薄摊存放，以免生热。干好的花粉如果不能马上应用，最好装入广口瓶内，低温干燥贮存，切忌阳光直晒。

（2）人工点授　为了经济利用花粉，可用 2～3 倍滑石粉或淀粉作填充物与花粉充分混合，装入小瓶，每天中上午 9 时至下午 4 时为适宜授粉时间，每花序只授中心花或增点一朵边花，当单株花量少时，可适当多点几朵。第一遍授完后隔 1 天再授一遍。授粉时用毛笔或带橡皮头的铅笔蘸一下花粉，每蘸一次可授 5～7 朵花。

（3）液体喷粉　是将花粉配成一定的粉液，喷洒在花朵上。其配方是：10 千克水、白糖 14 克，尿素 30 克，硼砂 10 克，花粉 20～25 克。先将糖、尿素和硼砂溶于水配成溶液，当树上有 60% 花盛开时，将花粉混于上述溶液，随配随喷，1 小时内喷完。

3. 果园放蜂

对大果园，人工不足时，为了提高坐果率，可进行放蜂，在花前 2～3 天将蜂箱放入园中，每 5～10 亩放一箱（蜜蜂采蜜距离 200 米左右）。如果是密植园宜在每行两端放置蜂箱，因蜜蜂有顺行采蜜的习性。

（二）幼果期管理

1. 疏果定果

疏果定果应于疏花后 10 天左右开始。疏果时，一般大型果应留单果，小型果留单果或双果，但当大型果全树果量较少且分布不均时，对果量较少部位可留双果。定果时要求留好果、大果，疏除弱小果、畸形果。通常情况下，中心果发育好，形正高桩，留单果时保留中心果，但留双果时则应保留两个大小一致的边果。

由于红富士品种中长果枝结的果、腋花芽结的果、骨干枝上斜生的短枝轴上结的果，果形指数都小，歪斜的多，应多疏，少保留或不保留。只有壮旺的、单轴延伸的、下垂果枝上中心花结的果，萼头朝下，一般高桩、形正，要多留少疏。

2. 果实套袋

果实套袋可以有效地防病、防虫。套袋果果皮光洁、果色艳丽，无农药残留。但果实套袋成本较高，费工费时，且选用纸袋不当时，可造成果实日烧病、褐斑病、苦痘病。因此各地应根据当地的实际情况应用。有出口任务，具有生产高品质果品能力的果园，对富士最好套专用的双层果袋，不可采用自制袋或其他质量不过关的袋。

（1）专用的双层果袋　果袋的规格为 18.5 厘米×14 厘米，外层袋外表为灰、绿等颜色、内层袋为红色的蜡纸袋。袋的一边附有一段细铁丝。套袋时，把果实套入袋内，露出果梗，用手把袋口捏紧，用袋口上自带的铅（铁）丝夹紧卡住。

（2）普通纸袋　规格为 13.5 厘米×13 厘米，分市售成品袋、半成品袋或自制的报纸袋。套袋时，将果实从袋的一角装入，从装果孔平行的另一角向下斜折果袋，使果柄紧靠果孔内侧，用曲别针顺果柄将袋夹住（切忌将果柄夹在曲别针中），或用小订书机将袋口钉紧。

果实套袋时间以谢花后 10～20 天最好，个别生理落果较重的品种可在 6 月上中旬生理落果后进行。套袋前，先要进行疏果定果留单果，并对全树喷布一遍 600～800 倍的 50%多菌灵可湿性粉剂，然后套袋。

（3）塑料薄膜袋　一般为聚乙烯薄膜袋，长 18 厘米、宽 15.5 厘米、厚 0.005 厘米。袋下两角各留 1 个约 0.5 厘米的通气放水孔。袋色为透明。套袋时间一般为 6 月上旬至 7 月上中旬。套袋时先用嘴巴将袋吹鼓，然后将果实套入中央，袋口紧贴果台，最后用 4 厘米长的 24 号铁丝绕果柄一周轻捏一下即可。果实成熟时不需要除袋，可连袋一起采收、贮运。

（三）果实着色期管理

果实色泽是外观品质的一个重要指标。富士系等品种着色较差，除不断选育着色好的品系外，生产上为提高全红果率可采取以下措施：摘纸袋、摘叶、转果、铺反光膜。

1. 摘纸袋

已套纸袋的果实，需在成熟前 25～40 天左右摘纸袋，促进果实着色。如元帅系苹果可于 8 月中下旬摘袋，约 9 月中下旬对套袋的晚熟品种果实摘纸袋；富士系的苹果摘袋时间是 9 月中下旬；澳洲青苹等绿色品种套袋果不摘袋，待采收期连袋一同摘下。

不管是单层袋还是双层袋应分期进行。单层袋先将底口撕开成伞状或者将纸袋纵向撕成数条，保留在果实上2～3天，目的是使果实接受阳光和温度的锻炼，以防日灼，3天后再将纸袋撕去；双层纸袋先撕去外层袋，经3～5个晴天后，再将内层撕去。切忌一下子将纸袋去除，这样易引起果实得日烧病。

摘袋注意事项：第一，应避开中午高温期和阴雨天。若底部打开或纵向撕成数条后遇上阴雨天气，应推迟摘除时间进行。在一天中，摘袋宜在上午9点后至下午5点前进行，中午温度高时尽量不摘。第二，防止伤果和掉果，摘袋时动作要轻，防止指甲碰伤果实或因用力不当使果实受伤。

2. 摘叶

有些果实的果面由于被一些叶片遮盖不能见光而引起着色不良。可采用摘叶的方法提高全红果率。摘叶过早，果色紫红；摘叶过量，果实变成绛红色。山东烟台对富士最适摘叶期是9月20日左右。先摘除黄的、薄的和下部的小叶，再适量摘除盖住果实的叶。

3. 转果

同一果实，往往是阳面着色好而阴面着色差，为使果实阴面也能良好着色，可在果实成熟前，待阳面充分着色后，将阴面转向阳面。转果时，要用手托住果实，轻轻朝一个方向转180度。转果最佳时间是9月底到10月上旬。

4. 铺反光膜

光照是影响红色发育的重要因素，为提高树冠内光强，促进着色，可在富士苹果开始着色期即9月上旬，在树盘下或行、株间铺设银色反光膜，利用反射光，增强树冠下层和内膛的光强，促进果实着色，提高品质。

（四）艺术果生产技术

艺术果品生产是继水果套袋栽培之后的又一次果品增值新技术，得到果农的积极推广，深受消费者欢迎，在市场上非常抢手，大幅度提高了果品价格，产生了明显的经济效益。大多数艺术果均为字画艺术果，容器艺术果也有，但较少。下面主要介绍字画艺术果生产技术。

1. 字画艺术果品生产技术

（1）选择适宜的果树品种　果实大中型、果皮光滑艳丽的果树品种适宜制作工艺果品。苹果应选择经济价值高的品种，以元帅系苹果、红富士苹果最为常见。

（2）做好生产的前期准备工作　选择具备无公害生产和全套袋栽培条件的果园。要求树势健壮、通风透光，在谢花后适时搞好果实套袋；加强果实膨大期管理，多施用农家肥与钾肥；根据土壤墒情及时浇水，尽量增大果个，并力求果形端正。苹果去袋后，选择树冠中外围枝条上着生部位好、发育良好、果形端正、果面光洁、大小适中的中心果，并注意选果要相对集中，以利贴字和采收。根据市场需求预测及生产规模大小，提前做好适量的吉祥字和图案载体。

（3）纸的选择　选用黏合能力较强、不怕日晒雨淋的即时贴。

（4）制作果面吉祥字和图案载体　吉祥字和图案设计要笔画粗实庄重、图案清晰大方、画面简洁，慎用行书、草书等笔画多的字体或图案。绘画写字可运用阳刻、阴刻或阳刻与阴刻结合的技法，字画可设在同一画面上。字画宜用黑颜色印绘。生产中应用的字画与剪纸按材料分为深色纸、不干胶纸和塑料薄膜，按在果面上形成的字和图案的颜色分为实字图案、漏字图案，把字画印刷或绘在透光的塑料薄膜上。

（5）贴字时间　纸袋果除袋后喷一次高效杀菌剂，如农抗 120、甲基托布津、大生 M-45、杀菌优等，防止果实潜伏病菌引发的轮纹烂果病，药液晾干或果面无水珠时，即可贴字。塑料膜袋果套袋贴字时间为果实着色始期，果个达 75～80 毫米时，如袋大松弛，应将膜袋折叠紧压在字膜下。有色膜袋或透明度不高的膜袋贴字时，可将袋底撕破，将字膜粘贴于果面，再将膜袋翻下。贴字时应避开中午高温时段，利用早晚贴字，以防日灼。贴字位置在果实阳面两侧，绝不可贴在正阳面。

（6）选择规格　为使苹果上的字或图案赏心悦目，比例协调，应遵循美学或黄金分割原则，75 毫米规格苹果宜用帧面积为 46 毫米×60 毫米规格的字模。

（7）时尚内容　“果语”设计在常用吉祥语言的基础上，还应紧贴时事潮流，迎合流行风尚。也可以根据民间风土人情，确定象征喜庆吉祥的字或十二生肖、花、鸟等图案。

（8）操作方法　操作追求简单高效，常采用进口不干胶字模，该字模已按照模板工序做好，可揿开即贴，是目前最省事省工的字模；国产不干胶、专用胶卷应先剪裁黏附于干净的塑料板或衣服上备用。贴时先把字或图案平整、无褶子、不起角，以确保字或图案自然完美。一般一个果贴一个字，操作过程要轻拿轻放，以防落果。

(9) 后期管理　套袋或粘贴完字膜图案后，在果园管理上应增施钾肥，控氮肥控水，扭压挡光枝条，及时将遮挡果实的1～2片老叶摘除，进行转果，铺设反光膜，对树冠喷500毫克/升稀土2～3次，0.3%磷酸二氢钾7～10天喷一次，以促进果实全面着色。

(10) 适时采收　适当晚采可增加贴字效果，但采摘过晚，影响耐贮性，特别是贴字的元帅系苹果，采收晚了容易落果，所以要适时采收。在全园果实成熟前2天左右，与载体一起采摘，采摘后将相同汉字与图案的果实集中放置，以便以后成套搭配组词。

(11) 分级包装　贴字果采收后，除去果面的贴字或图案，避免撕破果皮，擦净果面，打蜡，以增加果面光泽，减少果实失水，抑制果实呼吸强度，延长果实寿命。相同的字样，按照果实大小、字组图案摆放装箱，并做好标记。装盒前每个果品都套上发泡包装网，使用纸质或塑料隔板。

2. 艺术果生产注意事项

(1) 选好园地　选择立地条件好、管理水平高、树势健壮、树形合理、通风透光良好、病虫害极轻、疏花疏果到位、果大形正、色泽好、耐贮运的中晚熟套袋苹果。

(2) 搞好加工前管理　首先，精心疏除影响光照的徒长枝、萌蘖枝和背上直立枝。其次，喷1次防治黑点、轮纹病或褐腐病的优质杀菌剂以及0.3%的磷酸二氢钾溶液等。如土壤干旱，宜在摘外袋前一周适量浇水，以防止和减少日灼。

（3）选择适宜图字　用于贴字的图案很多，有的是手工刀剪制作，有的是电脑绘制的胶纸或不干胶胶带等图案。字模宜选笔画粗实庄重的隶书体，图模宜选图形清晰漂亮，意境通俗诱人的图案。字图载体所用胶应为进口优质食品胶，谨防用工业胶污染果面或产生红点。果径为80～85毫米的，宜选46毫米×60毫米字模，过小其比例会显得不协调。

（4）把准贴图时位　一般以部分外围果开始着色时，或距离采收期10天左右时为贴图适宜时期。一天中应该避开中午高温贴图，宜在上午和下午温度较低时进行。成熟期气温较低，不易产生日灼的果园，可贴在向阳面着色的部位。否则，塑膜字宜用稀米汤或医用凡士林贴在向阳面两侧。

（5）严格操作过程　粘贴不干胶字膜时，宜先将粘贴处的果粉轻轻擦掉。图案大不易粘平的，可剪掉图案边多余部分，使之贴正、贴平、贴实、不打折。贴套袋果时，从袋下部撕开口，把膜往上推，贴上图后，把袋重新落下；双层袋的果除外袋后不除内袋，可在其内或外粘贴。

（6）采前科学管理　及时剪掉影响着色的叶片与部分枝条，对一些着色欠佳的果实进行转果与固定，促使上色良好，保证图案清晰，并在贴图后7～10天，色泽鲜艳时及时采摘，防止色泽过老。

（7）注重精品包装　工艺果上市前，应该事先订好精制精美的大小包装。否则不管商品果多好、多精，售价也不会太高。若想贮藏待节日时上市，可先去掉图案，套上新的保鲜膜袋，按照不同的类型分组装箱贮存。

六、无公害果园产地认证和产品认证

随着市场经济的进一步发展、人们生活水平的提高，人们的消费和饮食观念都在发生着变化。重视环保、崇尚自然、追求健康正成为当今社会的新潮流，优质、营养、安全的无公害果品日益受到消费者的欢迎。为此，必须重视果品的无公害生产，确保果品安全，才能抢占市场。

生产无公害果品，首先，要选好生产基地。果园要有良好的生态环境，周围无工业或矿山的直接污染源（三废的排放）和间接污染源（上风口和上游水域的污染），要远离城市、村庄和交通要道，距离公路至少要 100 米以外。该地域的大气、土壤、灌溉水的检测符合国家标准。

第二，果园栽培管理要有较好基础，土壤质地适合果树生长，有灌溉条件，有机肥料来源充足，品种优良，树势健壮，栽培管理比较先进。

第三，有懂技术的管理人员。果树生产是一项技术性较强的工作，管理人员要具有一定的文化水平，特别是场长和技术员要钻研业务，有丰富的生产实践经验，并有一定的经济实力。

随着工业、交通业的发展以及农田中农药、化肥的大量投入，环境污染亦在逐渐加重，一些有害物质通过各种途径进入农田和果园，从而对大气、土壤、灌溉水以及农产品造成了程度不同的污染，因此，推行无公害果品生产，一定要进行无公害苹果产地认证和无公害果品认证。

（一）无公害苹果产地认证

无公害苹果产地环境技术条件的认证可参考 NYT 856—2004 文件。其产地认证程序如下。

① 申请人应当向县级农业行政部门提交书面申请，该部门收到申请之日起，需要在 10 个工作日内完成申请材料的初审工作。初审不符合要求的，应当书面通知申请人。申请材料初审符合要求的，县级农业主管部门应当逐级将推荐意见和有关材料上报省级农业行政主管部门。

② 省级农业行政主管部门自收到推荐意见和有关材料之日起，需在 10 个工作日内完成对有关材料的审核工作，符合要求的，组织有关人员对产地环境、区域范围、生产规模、质量控制措施、生产计划等进行现场检查。现场检查不符合要求的，应当书面通知申请人。现场检查符合要求的，应当通知申请人委托具有资质资格的检测机构，对产地环境进行检测。承担产地环境检测任务的机构，根据检测结果出具产地环境检测报告。

③ 省级农业行政主管部门，对材料审核、现场检查和产地环境检测结果符合要求的，应当自收到检查报告和产地环境检测报告之日起，30 个工作日内颁发无公害果品产地认证证书，并报告农业部和国家认证认可监督管理委员会备案。不符合要求的，应当书面通知申请人。

④ 无公害果品产地认证证书有效期为 3 年。期满需要继续使用的，应当在有效期满 90 日前按程序重新办理。

（二）无公害果品认证

无公害果品的认证机构，由国家认证认可监督管理委员会审批。其认证程序如下。

① 申请人向认证机构提交书面申请，认证机构自收到申请之日起，应在15个工作日完成对申请材料的审核。材料审核不符合要求的，应当书面通知申请人。材料符合要求的，认证机构可以根据需要派人对产地环境、生产规模、质量控制措施、生产计划、标准和规范的执行情况等进行现场检查。现场检查不符合要求的，应当书面通知申请人。材料审核符合要求的，或者材料审核和现场检查均符合要求的，认证机构应当通知申请人委托具有资质资格的检测机构对产品进行检测，检测机构根据检测结果出具产品检测报告。

② 认证机构对材料审核、现场检查和产品检测结果符合要求的，应当自收到现场检查报告和产品检验报告之日起，30个工作日内颁发无公害果品认证证书。不符合要求的，应当书面通知。

③ 认证机构应自颁发无公害果品认证证书后30个工作日内，将其颁发的认证证书副本同时报农业部和国家认证任可监督管理委员会备案。由农业部和国家认证认可监督管理委员会公告。

④ 无公害果品认证证书有效期为3年。期满需要继续使用的，应当在有效期满90日前按程序重新办理。获得认证证书后，可在产品、包装、标签、广告、说明书上使用无公害农产品标志。

第三章　常见病虫害防治技术

一、苹果病害

（一）腐烂病

1. 危害症状

主要危害树皮，主干、侧枝和根颈部发生较多。染病初期受害部位呈水浸状，有的地方溢出红褐色液体，发出酒糟气味，在衰弱树上可穿透皮层达木质部。

2. 发生规律

病菌在病枝、树皮上越冬，借风雨及刀剪用具等传播，从树皮伤口及冻伤处侵染危害，1 年有春季、秋季两个发病高峰期。

3. 防治措施

① 加强栽培管理，增强树势，提高树体抗病能力。

② 休眠期清除病残枝条，集中烧毁或深埋消灭病源。

③ 早期预防，及时防治。发芽前喷 5 波美度石硫合剂，花序分离期喷 40％杜邦福星 6000 倍液。春季发病高峰期刮净病斑变色部分，再刮去好皮 0.5～1 厘米，刮后涂药剂，如 40％杜邦福星 300 倍液、843 康复剂等。

（二）苹果早期落叶病

该病是褐斑病、灰斑病、轮斑病和斑点落叶病的总称。常见的是斑点落叶病和褐斑病。

1. 危害症状

① 斑点落叶病。主要为害幼嫩叶片，也为害新梢、果实和叶柄。春梢生长期幼嫩叶片最先发病，叶片出现零散的直径为 2～3 毫米的褐色圆形或不规则形病斑，以后逐渐增多或扩大，形成 5～6 毫米的红褐色病斑，边缘紫褐色，中央常见一深色小点或同心轮纹。病斑多时，常扩展连合，形成不规则形大斑，并常造成果树早期落叶。湿度大时，病斑表面可产生墨绿色至黑色霉状物。果面病斑表皮凹陷，其下果肉组织变褐，浅层组织呈海绵状干腐。

② 褐斑病。主要为害叶片，有时也为害果实。叶片受害，病斑分为三个类型。一是同心轮纹型：病斑近圆形，边缘清楚，病斑上小黑点排列成近轮纹状。二是针芒型：病斑小，数量多，形状不一，有放射状针芒条纹。三是混合型：病斑大，近圆形，中部小黑点呈近轮纹状排列或散生，边缘有放射状褐色条纹。一般病斑中部褐色，边缘绿色，外围黄色，初侵染时病部尚未变褐，将病叶向着太阳透视，可以看到近圆形、似有透明感的病斑，病部较其他部位色浅。

2. 发生规律

① 斑点落叶病。病菌以菌丝体在被害叶、枝条上越冬，次年 4～6 月产生分生孢子，随风雨传播，侵染危害。苹果斑点落叶病全年有 2 次侵染高峰，第 1 次是春梢始生长期，第 2 次是秋梢始生长期，以第 2 次发生严重，造成病叶大量脱落。

② 褐斑病。苹果褐斑病是真菌中的子囊菌侵染所致。

病菌以菌丝或分生孢子盘在病叶上越冬。翌年春季遇雨产生分生孢子。随风雨传播，多从叶背侵入，也可以从叶正面侵入。潜育期6～12天。降雨早而多的年份发病较重。地势低洼、树冠郁闭、通风不良果园发病重。金冠、红玉、元帅、国光等品种容易感病。

3. 防治措施

① 加强栽培管理。合理修剪，合理施肥。

② 药剂防治。4月中旬，喷施3～5波美度石硫合剂，消灭越冬菌源。5月上旬和8月中旬高峰期，连续喷药3～4次，药剂可交替施用80%大生M-45可湿性粉剂800倍液、10%世高水分散粒剂3000倍液、40%福星乳油6000倍液、50%扑海因悬浮剂或可湿性粉剂1000倍液。

（三）苹果轮纹病

1. 危害症状

枝干发病，以皮孔为中心形成暗褐色、水渍状或小溃疡斑，稍隆起呈疣状，圆形，失水凹陷，边缘开裂翘起，多个病斑密集，病斑上常有稀疏小黑点，从而形成主干大枝树皮粗糙。果实受害初以果点为中心出现浅褐色圆形斑，后变褐扩大，呈深浅相间的同心轮纹状病斑，其外缘有明显的淡色水渍圈，界线不清晰。病斑扩展引起果实腐烂。烂果有酸腐气味，有时渗出褐色黏液。

2. 发病规律

病菌以菌丝、分生孢子器及子囊壳在病部越冬病枝上越冬，菌丝在枝干病组织中可存活4～5年，翌春通过菌丝体直接侵染，或分生孢子通过风、雨传播，果实从幼果期至成熟期均可被侵染，但以幼果期为主。

3. 防治措施

① 选栽抗病品种，培育无病苗木。

② 加强栽培管理，增施有机肥。

③ 清除侵染源。晚秋、早春刮除粗皮，集中销毁，并喷75%五氯酚钠粉100～200倍液。

④ 幼果期防治。15～20天喷1次药，可喷50%复方多菌灵悬浮剂1000倍液，或30%绿得保胶悬剂300倍液。

⑤ 果实套袋。落花后1个月内套完袋。红色品种采收前1周拆除即可。

⑥ 加强贮藏期管理。入库或入窖前严格剔除病果，发现病果，及时捡出处理，同时严格控制温、湿度。

（四）苹果锈果病

1. 危害症状

苹果锈果病发病病症主要表现在果实上，某些品种的幼树及成龄树的枝叶上也有表现。果实上的症状主要有锈果型、花脸型、锈果-花脸型、环斑型和绿点型等5种。锈果型是主要的症状类型，常见于富士、国光等品种，在落花后1个月左右从幼果萼洼处开始出现淡绿色水浸状病斑，然后向梗洼处扩展，形成放射状的5条木栓化铁锈色病斑。病果横切可见5条斑纹与心室相对。在果实生长过程中，因果皮细胞木栓化，逐渐导致果皮龟裂，甚至造成畸形。有时果面锈斑不明显，但产生许多深入果肉的纵横裂纹，裂纹处稍凹陷，病果易萎缩脱落，不能食用。花脸型的果实在着色前无明显变化，着色后，果面散生许多近圆形黄绿色斑块，成熟后表现为红绿相间的“花脸”。着色部分突起，不着色部分稍凹陷，果面略显凹凸不平。复合型即为锈果和花脸的混合型。病果着色前，在萼洼附近出现锈斑；着色后，在未发生锈斑的果面或锈斑周围产生不着色的斑块，呈“花脸”状。

2. 发病规律

该病害为病毒性病害。病毒通过嫁接及在病树上用过的刀、剪、锯等工具传染。苹果一旦染病，病情逐年加重，成为全株永久性病害。套袋果发生的锈果病主要是花脸型，红色品种表现为成熟后果面呈红、黄相间的花脸症状；黄色品种表现为成熟后果面呈深浅不同的花脸症状。

3. 防治措施

① 严格执行检疫制度。疫区内繁殖的苗木或繁殖材料不能外调。新建果园一旦发现病株立即挖除烧毁。

② 严格选用无病毒接穗和砧木培育无病毒苗木。种子繁殖可基本保证砧木无病毒。嫁接时应选择多年无病的树为采穗母树，嫁接后要经常检查，一旦发现病苗应及时拔除烧毁。修剪工具要严格消毒。

③ 药剂防治。于初夏在病树冠下地面东、西、南、北各挖一个坑，各坑寻找0.5～1厘米粗的根，将其切断后插在盛有150～200毫克/千克四环素、土霉素、链霉素或灰黄霉素药液的瓶里，然后封口埋土，有一定的防效。

(五) 苹果干腐病

1. 危害症状

该病主要危害枝干和果实。

① 枝干。嫁接部位多有发生，树皮出现暗褐色或黑褐色、湿润、不规则的病斑，沿树干一侧向上扩展，边缘有裂缝，未发病部位显现铁锈色。皮下呈现暗褐色，比粗皮

病的颜色浅。病部可溢出茶褐色黏液，有霉菌味，后失水成干斑。病部环缢枝干即造成枯枝，病皮上密生黑色小粒点。

② 果实。果实上初现浅褐色圆斑，后扩展成深浅交错的同心轮纹状斑，迅速腐烂。烂部有酸腐气味，渗出褐色黏液，后失水形成僵果，果实表面产生黑色隆起小粒点。

2. 发病规律

苹果干腐病是真菌病害。病菌在病枝上越冬，翌春产生孢子随风、雨传播，从伤口、枯芽和皮孔侵入，病菌具有潜伏性，侵入后先在伤口死组织上生长，再向活组织蔓延。发病盛期在6～8月份和10月份。

3. 防治措施

① 清除菌源。不用苹果和杨柳枝做撑棍，及时拣净落果、清除残枝，于园外销毁。

② 加强幼树管理。新定植树及时灌水，雨季防涝，不宜秋施氮肥。9月初应剪顶芽，使幼树健壮生长，增强抗病能力。

③ 及时刮治干腐病斑。发现病斑时应早刮治，一般只需刮净上层病皮即可，刮后用5～10波美度石硫合剂涂刷，也可用40%福美胂可湿性粉剂50倍液涂抹。

④ 药剂防治。发芽前结合对其他病虫害的防治，喷5%菌毒清或2%农抗120水剂100倍液或3～5波美度石硫合剂保护树干。5～6月份连续喷2次1：2：(200～240)倍波尔多液。

（六）黑腥病

1. 危害症状

一般在5月初开始发生，主要为害叶片和果实。叶片受害后，正反面均可出现病斑。病斑初为淡褐色，逐渐变为黑色，表面产生平绒状黑色霉层，圆形或放射状。后期病斑向上突起，中央变为灰色或灰黑色。果实受害多在肩部或胴部。病斑初为黄绿色，逐渐变为黑褐色或黑色，圆形或椭圆形，表面有黑色霉层。严重时，病部凹陷龟裂，病果变为凹凸不平的畸形果。

2. 发病规律

黑腥病以未成熟的假子囊壳在落叶中越冬。第二年春季子囊孢子经气流传播，侵染幼叶、幼果。苹果生长期发病后，病斑上的分生孢子进行再侵染。降雨早、雨量大的年份发病早且重。

3. 防治措施

① 休眠期彻底清理树上、树下的落叶，集中烧毁或深埋，消灭越冬菌源。萌芽前翻耕树下土壤，将残余碎叶翻于地下，促进病菌死亡。

② 药剂防治。4月中旬，喷施3～5波美度石硫合剂，消灭越冬菌源。开花前和落花后，喷施10％世高水分散粒剂3000～5000倍液或40％福星6000～8000倍液（金冠品种慎用，易产生果锈）。6月中旬套袋前，喷施80％大生M-45可湿性粉剂800倍液＋70％安泰生可湿性粉剂800倍液。

（七）黑点病、红点病

1. 危害症状

黑点病发病初期，果实萼洼周围出现针尖状小黑点，随着果实的增长，黑点逐渐扩大；病斑仅发生在果实表面，无味，不会引起果肉溃烂，贮藏期也不扩展蔓延。导致黑点病发生的直接原因是病菌侵染，绝大多数病斑为链格属（*Alternarva* spp.）真菌侵染所致，该属真菌是导致多种作物叶斑病的病原。

套袋苹果的黑褐色斑点为粉红聚端孢菌（*Trichothecium roseum* LK et Fr）侵染所致。该菌为半知菌亚门的弱寄生菌，一般不会侵染果实表面。侵染套袋果的接种体主要来自套袋果上的花器残体，包括干枯的花萼、花丝、花药等。套袋后形成的高温、高湿微环境为其滋生繁殖提供了有利条件，成为侵染套袋果的侵染源。摘袋后果面出现针眼大小的红色斑点为红点病。病斑无味，不会引起果肉溃烂，贮藏期间也不扩展蔓延，主要由格链孢霉引起，为侵染性病害。

2. 影响因素

黑点病的发生与当地气候环境、地理位置、果园通透性、结果部位、品种、纸袋质量等密切相关。红点病与摘袋后降雨有关，若遇连续阴雨天气，发病较重。为斑点落叶病菌侵染果面所致。

3. 防治措施

① 防治黑点病应选择规范果袋，改良制袋材料和工艺，改善果袋的透气状况，增加透气性；对通风透光差的果园进行合理修剪，疏除过密的层间枝、直立枝、重叠枝、徒长枝、交叉枝和过旺过密的竞争枝，改善树冠的通风透光条件。这是防止雨季黑点病再发生的关键措施。

② 防治红点病需要抓好套袋前和摘袋前后斑点落叶病的防治，可通过适时喷布 1.5%多抗霉素可湿性粉剂

400倍液或10%多氧霉素（宝丽安）可湿性粉剂1000倍液等来防治。

（八）苹果白粉病

1. 危害症状

苹果白粉病主要危害实生嫩苗，大树芽、梢、嫩叶，也危害花及幼果。病部满布白粉是此病的主要特征。幼苗被害，叶片及嫩茎上产生灰白色斑块，发病严重时叶片萎缩、卷曲、变褐、枯死，后期病部长出密集的小黑点。大树被害，芽干瘪尖瘦，春季发芽晚，节间短，病叶狭长，质硬而脆，叶缘上卷，直立不伸展，新梢满覆白粉。生长期健叶被害则凹凸不平，叶绿素浓淡不匀，病叶皱缩扭曲，甚至枯死。花芽被害则花变形、花瓣狭长、萎缩。幼果被害，果顶产生白粉斑，后形成锈斑。

2. 发病因素

苹果白粉病是一种外寄生真菌引起的，白粉就是病菌的菌丝体和分生孢子。病菌以菌丝在芽鳞片中越冬，翌年果树萌芽时休眠菌丝侵入新梢。菌丝体生出吸胞侵入表皮细胞吸取营养。分生孢子随气流传播，植株营养条件与气候条件对发病有密切关系。管理粗放、营养不良、春天气候干旱都是发病的有利条件，夏季多雨凉爽和秋季晴朗，则有利于后期发病。

3. 防治措施

苹果白粉病的防治原则：清除越冬菌源与生长期喷药保护相结合，才能收到较好的效果。

① 修剪。冬季结合修剪尽量剪除病芽、病梢；发病严重、冬芽带菌量高的果树，要连续几年进行重剪。

② 加强管理，增强树势，合理密植。疏剪过密的枝条，使树冠通风透光，避免偏施氮肥，注意增施磷钾肥，及时搞好枝条回缩工作，使其健壮，提高抗病力。

③ 生长期喷药防治。保护的重点放在春季，在发病初期控制住病情，以免病害大发生难于防治。萌芽期、花前花后是该病药剂防治的关键时期。15％粉锈宁可湿性粉剂 1000～1500 倍液或 70％甲基托布津 1000 倍液防治效果较好，兼有保护和治疗作用。也可用 0.5 波美度石硫合剂或 50％硫悬乳剂 150 倍液。

（九）苹果霉心病

1. 发病症状

苹果霉心病又称霉腐病、心腐病。主要表现为心室霉变（霉心型）和果心腐烂（心腐型）。发病初期在萼筒和心室之间出现淡褐色、不连续的点状或条状小斑。逐渐向心室蔓延，引起心室壁变黑褐色。心室内出现灰色、白色、黑色、粉红色等霉状物，进而突破心室引起果心部分果肉腐烂，最后发展为全果腐烂。果肉食之味苦。病果在成熟前果面发黄，着色较早，颜色较暗，严重时变形为 5 棱形，棱部与 5 个种室对应，此类果实易出现采前落果。严重被害果在幼果期即早落。

2. 发病条件

霉心病菌除以菌丝体潜存于苹果树体中以及残留在树上或土壤等处的病僵果内之外，还可以孢子潜藏在芽的鳞片间越冬，次年以孢子传播侵染。霉心病病菌侵染期很长，从花期至 5 月底前的幼果期是重点侵染时期。病菌侵入后在果心内呈现潜伏浸染状态。随着果实发育和病菌的生育情况而逐渐发病，至贮藏期带病果继续发病，终使果实霉烂。从花期至果实采收前不断侵染。一般萼筒短、宽大的品种如元帅系感病重。此外，降雨早、多，空气潮湿，果园地势低洼、郁闭，通风不良等均利于发病。

3. 防治措施

① 加强管理。通过整形修剪和调节施肥量，尤其是控制氮肥施用量，使树势生长中庸。及时摘除病果并结合冬季清园深埋僵果。贮藏期间控制库温不超过1℃，相对湿度控制在90%以下，以免入库果实病害的蔓延。

② 药剂防治。由于霉心病菌都是弱寄生菌，它主要在花期入侵为害，因此，花期是防治该病的关键时期。一般在盛花期喷1～2次药即可防治该病，但要注意的是花后喷药防治基本无效。

在花期低温多雨年份和高感病品种上，可在花序伸出期、初花期及盛花期分别喷10%多氧霉素可湿性粉剂1000倍液或50%扑海因可湿性粉剂1000～1500倍液，基本可防治该病的发生。

在一般年份和抗病品种上，于初花期和末花期各喷1次80%必得利可湿性粉剂800倍液或70%甲基托布津可湿性粉剂1000倍液，可有效预防该病的发生。

在幼果期和果实膨大期，喷施0.4%硝酸钙加0.3%硼砂1～2次，能有效延缓果实衰老，减轻该病发展。

③ 加强贮藏期管理。对贮藏运输的果实要严格剔除病果及残次受伤果。贮藏期中温度保持在1～2℃，可控制病害发展。同时要定期检查，根据病情安排果品出库计划，以减少损失。

（十）苹果锈病

1. 危害症状

苹果锈病又名赤星病，属转主寄生病害，以桧柏等植物为其转主寄主。

此病主要危害叶片、叶柄、新梢及幼果等幼嫩绿色组织。叶片受害，开始在叶片正面产生橙黄色有光泽的小斑点，数目不等，后渐扩为近圆形的病斑，中部橙黄色，边缘淡黄色，最外边有一层黄绿色的晕圈，直径4～5毫米，大的可达7～8毫米，表面密生橙黄色针头大的小粒点，即病菌的性孢子器。天气潮湿时，其上溢出的淡黄色黏液即性孢子，黏液干燥后小粒点变为黑色。病斑组织逐渐变肥厚，叶片正面微凹陷，背面隆起，在隆起部位长出灰黄色的毛状物，即病菌的锈孢子器。锈孢子器成熟后，先端破裂，散出黄褐色粉末，即锈孢子。叶片上病斑较多时往往早期枯焦或脱落。幼果受害，初期病斑大体与叶片上的相似，病部稍凹陷，病斑上密生起初橙黄色后变褐色的小粒点，后期在同一病斑表面产生灰黄色毛状的锈子器，病果生长停滞，往往畸形早落。新梢与叶柄被害时，症状与果实上的大体相同。

2. 发病条件

（1）寄主　危害的轻重与转主寄主桧柏的多少和距离远近有关，苹果栽培区附近的桧柏越多，距离越近，则发病越重，反之则轻。

（2）气象　当苹果芽萌发、幼叶初现时，如遇多雨天气，同时温度对冬孢子的萌发适宜，大量的担孢子会飞散传播。阴雨连绵或时晴时雨，发病较重，反之则轻。冬孢子萌发后，风力的强弱和风向都可影响孢子与苹果树的接触，直接影响发病的概率。

3. 防治措施

① 苹果园周围5公里内最好不要栽植桧柏和龙柏等转主寄主植物。

② 加强栽培管理。新建苹果园，栽植不宜过密，对过密生长的枝条适时修剪，以利通风透光，增强树势。雨季及时排水，降低果园湿度。晚秋及时清理落叶，集中烧毁或深埋，以减少越冬菌源。

③ 根外追肥。在苹果树感病期，可喷布0.5%尿素溶液或0.3%磷酸二氢钾溶液2～3次，可增强树势，提高抗病能力。

④ 药剂防治。桧柏上喷药应在3月上中旬进行，以抑制冬孢子萌发产生担孢子，药剂可用1～2波美度石硫合剂或15%粉锈宁可湿性粉剂1000倍液。苹果树上喷药应在萌芽期至展叶后25天内进行，药剂可用1：2：(160～200）波尔多液，25%粉锈宁可湿性粉剂1500倍液或萎锈灵乳剂400倍液，或50%退菌特1000倍液，每隔10天喷1次，连喷2～3次。盛花期应避免喷用波尔多液，以防发生药害。

（十一）炭疽病

1. 危害症状

苹果炭疽病主要危害果实，接近成熟的果实受害最重，也可侵害果台和枝干。

(1）果实受害　初期果面上出现淡褐色小圆斑，扩大后呈褐色或深褐色，果肉软腐，病部稍凹陷。当病斑扩大至1～2厘米时，从中央长出稍突起的黑色小粒体，层层向外扩展排列成同心轮纹状，湿度大时，溢出粉红色黏液。果面上多个病斑扩大联合，可造成烂果。烂果肉褐色，味苦，提前脱落。在晚秋染病的果实，由于气温低，病斑多为深红色小斑点，中心有一个暗褐色小点。后期病果腐烂失水干缩变为黑色僵果，大多脱落，少数悬挂枝头，经冬不落。挖出病斑可见病部果肉形状呈漏斗状，病部果肉与健部果肉之间界限明显，病、健组织很容易分离；纵切病果，病部组织呈“V”字形。

（2）果台、枝干受害　从顶部开始发病，逐渐向下蔓延，病部呈暗褐色，严重时可干枯死亡。枝干受害，多发生在衰弱枝干的基部，初期为不规则的褐色小斑，逐渐扩大成溃疡斑，后期病皮龟裂脱落，木质部裸露；严重时，溃疡斑以上的枝条干枯，病部表面也可长出黑色小粒体。

2. 发病规律

苹果炭疽病从落花的幼果开始侵染，温度28～29℃、相对湿度80%以上为进入发病高峰的温湿度指标。在北方果区，苹果坐果后（5月中旬）病菌开始侵染，果实膨大期（6～7月份）为侵染盛期。7月中旬发病，8月中旬进入发病盛期。果树株、行距小，树冠大而密闭，偏施速效氮肥，枝叶茂盛，田间小气候湿度大等，均有利于发病；果园中耕除草不及时，地势低洼，土壤黏重，排水不良，树势衰弱等发病较重；地处山谷，通风不良的果园也易于发病。

3. 防治措施

① 清洁果园。晚秋清除落地病果和病枝，结合冬季

修剪，剪除干枯枝、病虫枝、僵果等，并及时烧毁以减少菌源。

② 改造发病条件。合理疏枝，使树冠通风透光，降低湿度，减少发病；合理施肥，增施磷钾肥，合理施用氮肥；及时除草和雨后排水，这样可以改善植株的性能，提高植株抗病力。

③ 果实套袋。一般在5～6月生理落果后1个月内完成。套袋前先喷1次波尔多波，采前1个月去袋以利果面着色。

④ 果园周围避免用刺槐和核桃等病原的寄主树木作防风林，以减少病害的发生。

⑤ 物理防治。贮运前严格剔除病果、伤果；贮藏期间定期检查，发现病果及时清除；控制贮运期间的温度，低温贮运（0～1℃）防病效果明显。

⑥ 化学防治。宜在早春和生长期进行。重病果园，可在早春萌芽前对树体喷1次铲除剂，消灭越冬菌源。药剂可选用3～5波美度石硫合剂或40％福美砷可湿性粉剂200倍液；生长期施药应在谢花坐果后即开始，间隔7～10天喷药1次，连喷5次以上，迟熟品种可适当增加喷药次数。药剂可选用60％吡唑醚菌酯·代森联水分散粒剂（百泰）1000倍液或25％脒鲜胺乳油1000倍液。

二、苹果虫害防治

（一）金纹细蛾

1. 危害症状

金纹细蛾以幼虫在叶背表皮下潜食叶肉，叶正面出现黄白色网眼状透明虫斑，叶背表皮皱缩鼓起，使叶片向背弯折。

2. 发生规律

1 年发生 5 代，以蛹在落叶中越冬，翌年 4 月中旬羽化出现成虫，各代成虫发生盛期分别为 4 月中旬、6 月上旬、7 月上中旬、8 月上中旬、9 月中下旬。幼虫孵化后立即蛀入下表皮上潜食叶肉，形成典型为害，最后一代的幼虫于 10 月在被害叶内化蛹越冬。

3. 防治措施

① 冬季清园。

② 在 1～4 代防治关键时期，选用残效期长或内吸性强的有效药剂，消灭初孵幼虫，有效药剂有 40％万灵将可湿性粉剂 1500 倍液、25％灭幼脲 3 号悬浮剂 1200 倍液、48％乐斯本乳油 1500 倍液等。

（二）康氏粉蚧

1. 危害症状

康氏粉蚧为刺吸式害虫，以成虫和幼虫吸食幼芽、嫩枝、叶片和果实汁液，前期果实受害后出现畸形。套袋果以萼洼处受害较重，梗洼较轻，其次是果面，受害后形成大小不一的黑斑，其上附着白色粉状物。一些果园使用成本低、无防止害虫入袋作用的纸袋，造成康氏粉蚧在套袋果实上发生。

2. 发生规律

康氏粉蚧以卵，少数以若虫、成虫在树干、剪锯口、枝条粗皮缝隙或土壤缝隙中越冬。春季果树萌芽时，越冬卵孵化，第 1、第 2、第 3 代若虫发生盛期分别为 5 月中旬前后、7 月下旬和 8 月下旬，这 3 个时期是药剂防治的有利时期。

套袋苹果园康氏粉蚧第 1 代主要集结在枝条粗皮缝隙和幼嫩组织处，果实上较少；第 2、第 3 代以为害果实为主，通过袋口进入，停留在萼洼、梗洼处刺吸果实汁液，受害果果面形成大小不规则的斑点，刺吸孔清晰可见，孔周围多出现红褐色晕圈。

3. 防治措施

① 春季萌芽前（3 月上旬），刮除主干上的粗老树皮、枝上的老翘皮和伤枝上的翘皮，刮除翘皮时不要太重，刮下后集中烧毁。

② 晚秋雌成虫产卵前（9 月中旬），在树干上捆草把诱集越冬害虫，早春卵孵化前取下集中烧毁。

③ 选用涂有杀虫剂的纸袋。若果袋连续使用，应将果袋装入容器内，用硫黄熏杀害虫，也可将果袋在农药稀释液中充分浸泡后使用。套袋时袋口扎严。当发现袋内有康氏粉蚧时，应解袋喷 50%辛硫磷乳油 1500 倍液等药剂防治。

④ 药剂防治。早春树上喷石硫合剂或 48%乐斯本乳油 1000～1500 倍液，杀灭树干上的越冬卵。第 1～3 代若虫发生期，喷布 0.9%阿维虫清乳油 4000～5000 倍液或 1.0%虱螨净乳油 3000～4000 倍液或 25%蚧死净乳油 1000～1200 倍液或 40%速扑杀乳油 1000～1500 倍液。

（三）苹果棉蚜

1. 危害症状

被害部位肿胀或形成瘤状突起，被覆许多棉絮状物。

2. 发生规律

以2龄若蚜在枝干剪锯口、树皮裂口和裸露根部越冬。翌年萌芽期出蛰为害。5月下旬至6月中旬棉蚜种群数量达到全年中第1次高峰，6月下旬至7月中旬形成年中第2次高峰，受夏季高温抑制和日光蜂大量寄生作用，棉蚜种群数量回落，9月上中旬达到年中第3次高峰。之后随气温下降，危害部位下移进入越冬状态。

3. 防治措施

① 加强植物检疫。

② 清园。

③ 喷药防治。有效药剂有48%乐斯本1500～2000倍液、90%万灵可湿性粉剂3000倍液等。

（四）桃小食心虫

1. 危害症状

以幼虫危害，多从果实的胴部或顶部蛀入，经2～3天从蛀入孔流出水珠状半透明的果胶滴（淌眼泪），不久胶滴干涸，在蛀入孔处留下一小片白色蜡质物。随着果实的生长，蛀入孔愈合成一针尖大的小黑点，周围的果皮略呈凹陷暗绿色，幼虫多死在里边；1幼虫蛀果后，在皮下及果内纵横潜食，果面上显出凹陷的潜痕，明显变形凸凹不平（猴头果）。

果实接近成熟时受害，一般果形不变，但果内的虫道中充满红褐色的虫粪，污染果实形成所谓的“豆沙馅”。等到幼虫老熟后，在果实面咬出直径2～3毫米的圆形脱落孔，然后入土越冬，孔外常堆积红褐色新鲜的虫粪。它不仅是降低水果的产量，更主要是降低水果的品质，受害的果实几乎丧失了食用性。

2. 发生规律

桃小食心虫在全国大部分地区一年发生1～2代。主要以老熟幼虫在土内作茧越冬，越冬幼虫出土始期主要与温度和降雨有关，一般出土前旬平均气温16.9℃，地温为19.7℃。在开始出土期间，如有适当的雨水，即可连续出土。

3. 防治措施

① 树下防治越冬幼虫出土。宜采取压盖树盘方法防治，一般根据树盘大小，采用塑料薄膜周围用土压实封盖，也可用厚土压盖，也有的用其他杂物如玉米苞叶等。耕翻树盘寻找越冬幼虫，用筛子筛除越冬幼虫。喷药结合浅耕杀死越冬幼虫，使用的药剂主要有生物制剂白僵菌或Bt等，也可用具有触杀、胃毒作用的50%辛硫磷胶囊剂或乳油、48%乐斯本乳油，每亩用0.5千克药拌土15～20千克撒施于树盘，并浅耕或兑水500～1000倍液喷雾再细耙。

② 树上喷药防治成虫和幼虫。常用药剂有Bt乳剂500倍液、25%灭幼脲3号1000倍液、30%桃小灵乳油1500倍液、2.5%溴氰菊酯乳油3000倍液、2.5%功夫乳油2500～4000倍液、20%杀灭菊酯乳油2500倍液，48%乐斯本乳油1500倍液、5%来福灵乳油2000倍液。

③ 捡拾或摘除虫果集中处理。

④ 利用性诱剂和频振式杀虫灯诱杀成虫。

⑤ 利用天敌昆虫控制害虫数量。保护增殖天敌，控制食心虫的为害，桃小食心虫的天敌很多，蚂蚁、步行

虫、蜘蛛是地面捕食幼虫的最好天敌；花蛉、粉蛉、瓢虫在树上捕食卵粒。桃小食心虫幼虫的寄生蜂有：赤眼蜂、甲腹茧蜂、齿腿姬蜂、长距茧蜂和桃小白茧蜂等。果园植被多样化有利于天敌的保护与增殖。

（五）蚜虫类

主要为害苹果的蚜虫是瘤蚜和黄蚜。

1. 危害症状

① 瘤蚜。又名苹果卷叶蚜，成蚜、若蚜群集叶片、嫩芽和幼果上吸食汁液，受害叶片常出现红斑，叶片边缘向背后纵卷，叶面凹凸不平。幼果被害后，果面上出现很多不整齐红斑，斑痕凹陷，严重时果实畸形，影响果实生长。同时还会传播花叶病。

② 黄蚜。又名绣线菊蚜，以若蚜、成蚜群集在寄主嫩梢顶端及叶片背面吸汁为害，受害叶片初期表面呈现花叶病状，后皱缩不平，向背横卷，影响光合作用。严重时还可为害幼果，蚜虫分泌的蜜露，容易诱致霉污病，污染果品表面。

2. 发生规律

① 瘤蚜。1 年发生 10 余代。以卵在 1 年生枝条芽缝里越冬。第 2 年 4 月上旬开始孵化，4 月下旬孵化完毕。幼蚜群集在芽、嫩叶上吸食汁液。一般在 5 月份为害最重。从春到秋都是孤雌生殖。10～11 月产生有性蚜，交尾后，雌虫在枝梢的芽缝里产卵越冬。

② 黄蚜。1 年发生 10 余代，以卵在寄主植物枝条缝隙、芽腋等处越冬。翌年 3～4 月越冬卵孵化为幼虫，寄生嫩叶背面并逐渐胎生后代。初期繁殖速度极慢，偶尔出

现有翅蚜向外扩散，5～6 月繁殖速度加快，为害也最严重，叶背、叶柄、新梢上都布满蚜虫，且出现大量有翅蚜向外扩散，夏末虫口密度逐渐减少，为害寄主分散。10～11 月产生有性蚜，雌、雄性蚜交尾后产卵于枝缝、芽腋等处越冬。

3. 防治措施

① 果树发芽前，用 3～5 波美度石硫合剂周密喷洒枝干。

② 4 月中下旬，7～10 天一次，10%吡虫啉可湿性粉剂或悬乳剂 2000～3000 倍液或 3%定虫脒可湿性粉剂 2000 倍液喷施。

（六）山楂叶螨

山楂叶螨，又称山楂红蜘蛛。

1. 危害症状

以成螨、幼螨、若螨刺吸寄主叶片、芽、花蕾等部位的汁液。叶片受害时，正面出现许多苍白色斑点，背面出现铁锈色症状，进而脱水硬化，全叶变黄褐色枯焦，形似火烧：芽被害后不能继续萌发，焦枯而死；花蕾受害后变黑，不能开花，枯萎脱落。

2. 发生规律

1 年发生 6～9 代，均以受精雌成螨在枝干翘皮、树皮裂缝、树杈处和树干基部及靠近树干基部 3.3 厘米深的地缝隙中越冬。第 2 年早春日平均气温达 9～10℃、苹果花芽膨大时，越冬雌成螨开始出蛰。出蛰期 15 天左右，卵期 8～10 天。一般 6 月份之前危害较轻，6 月中下旬以后，在高温干燥的气候条件下繁殖很快；7 月份进入严重为害阶段，可造成大量落叶；7月下旬至8月上旬，随着雨季的到来和天敌的增多，虫口密度逐渐下降；8月中旬大部分雌虫已进入越冬场所，有的可延续到9～10月份越冬。山楂叶螨具有吐丝拉网的习性，近距离可随风力以及人、畜活动传播，远距离主要靠苗木运输传播。

3. 防治措施

（1）农业防治　清洁果园，消灭越冬雌虫，降低越冬基数。一般年份于9月上旬进行树干绑草环，引诱雌螨钻入越冬，第2年3月初解下草环，并刮除树干翘裂病皮，清扫枯枝落叶，然后集中销毁，消灭越冬雌成螨。

（2）加强栽培管理

① 科学施肥。增施有机肥料，以堆肥、厩肥、垃圾肥、腐殖酸肥料、绿肥、秸秆、瓜蔓、青草为主。可采用环状沟施肥法、放射状施肥法、条状沟、全园施肥法。

② 合理浇水，及时排水。

③ 科学修剪，改善通风透光条件。

④ 适时套袋。一般在花后10～40天内套袋。

（3）化学防治　苹果花序分离期，越冬成螨开始出蛰上芽为害，当每叶丛平均有2头雌螨时喷药防治，可选用20％哒螨灵可湿性粉剂1500～2000倍液或50％丁醚脲悬浮剂3000倍液。花后7～10天是第1代幼螨孵化盛期，可喷天王星、功夫菊酯、灭扫利等2000倍液。果实采摘前15天停止用药。

（4）生物防治　利用天敌进行防治。山楂叶螨天敌主要有捕食螨、食螨瓢虫、小花蝽、中华草蛉、食虫盲蝽等。当天敌数量与活动螨数量达到1∶50时，不需要进行化学防治；达到1∶100以上时，应立即使用杀螨剂防治。

（七）苹果金龟子

1. 危害症状

危害苹果的金龟子主要有黑绒鳃金龟子和铜绿金龟子。金龟子主要以成虫危害果树的芽、花、叶，以幼虫咬食果树地下组织。

2. 发生规律

① 黑绒鳃金龟子。1年发生1代，以成虫在土壤中越冬。3月下旬开始出土，成虫白天活动，早春主要取食发芽早的杂草和农作物，天暖后群集为害果树。5月开始交尾产卵，卵期10天，6～7月为幼虫期，8～9月开始化蛹，羽化后不出土即越冬。

② 铜绿金龟子。1年发生1代，以幼虫在土中越冬，次年3月上旬到表土层，5月老熟幼虫化蛹，5月下旬开始出现成虫。为害盛期为6月上旬至7月中旬，同时也为产卵盛期。卵散产于表土层中，幼虫孵化后移至深土层越冬。两种金龟子成虫都有假死性、趋光性和群集性的特点。

3. 防治措施

① 苹果秋施基肥时，用充分腐熟的土杂肥；结合除草，全园撒施辛硫磷颗粒剂，再对全园进行划锄，杀死幼虫和蛹。

② 用长60厘米的带叶杨树枝，在75％辛硫磷乳油或90％敌百虫晶体100倍液中浸泡2～3小时，傍晚分散安插在果树行间，诱杀成虫。

③ 用红糖1份、酒1份、醋2份、水8份制成糖醋

液，分装在罐头瓶等容器里，于傍晚挂在树上或果树行间进行诱杀。白天加盖，以防蒸发。

④ 利用金龟子的假死性，傍晚先在树盘下铺1块塑料布，再摇动树枝，然后迅速将振落在塑料布上的金龟子成虫收集捕杀。

⑤ 灯光诱杀。一是安装频振式杀虫灯（佳多PS-15Ⅱ）。杀虫灯的设置以辐射全园为好，一般2.5～3.0公顷挂1盏杀虫灯，灯间距100米，悬挂高度一般为树高的2/3（1.8～2.4米），注意固定好防止风刮。在害虫危害期（5月中旬至9月上旬）每晚8:00开灯，次日早6:00关灯，每天早上收集袋内虫体，将其杀死后深埋，或作饲料。关灯后用毛刷将灯上的虫垢打扫干净，每周彻底清扫1次灯箱，擦灯管1次。二是安装黑光灯或灯泡。可在地头安装1个黑光灯或灯泡，在黑光灯或灯泡下放一水盆或水缸，捕杀落入水中的成虫。

⑥ 花期，每亩捕捉金龟子50个左右，将其研成泥后用纱布滤出金龟子体液，对水30倍后喷施；危害严重的果园，开花期将5%辛硫磷颗粒剂（3千克/亩）均匀撒在树冠下，也可用48%毒死蜱乳油500倍液喷洒树下土壤表面，然后耙松土表，消灭虫害。

（八）玉米象

属鞘翅目，象甲科。别名米牛、铁嘴，分布较广。

1. 危害症状

果实受害后表面出现伤口，少者几个，多者达几十个，果面呈麻脸状；伤处面积大的直径1毫米以上，小的0.1毫米，虫口深2～5毫米，形成凹陷圆斑，果肉变褐，木栓化，早期危害可致使果实畸形。

2. 发生规律

该虫具有趋温、趋湿和畏光喜暗习性，极易入袋为害果实。以成虫潜伏在松土、树皮、田埂边越冬。翌年5月下旬越冬成虫开始活动。成虫产卵时，用口吻啮食麦粒，形成卵窝，并分泌黏液。6月下旬至7月上中旬幼虫孵化，蛀入籽粒，7月下旬化蛹，随后羽化成虫。玉米象1年发生2代，以7月份发生的第2代成虫危害果实。玉米象危害的套袋苹果园，均是因树下覆盖了麦草，或套袋果园周围有麦垛、麦秸和麦糠壳，其中残留的麦粒中携带有玉米象的卵、幼虫或成虫所致。成虫有假死性，喜暗畏光，趋温、趋湿，繁殖力强。

3. 防治措施

① 套袋苹果园尽量不要覆盖麦草，麦垛也尽量远离果园。

② 观察玉米象活动，一旦发现，及时喷布48%乐斯本1000～1500倍液或20%灭扫利乳油2000倍液，杀灭成虫，否则入袋后很难防治。

（九）苹掌舟蛾

1. 危害症状

苹掌舟蛾又名舟形毛虫、苹果天社蛾，属鳞翅目、舟蛾科，主要为害苹果、梨、桃、山楂、核桃等多种果树的叶片。该虫具有间歇爆发、群集危害、假死性和趋光性等特点。初龄幼虫啃食叶肉，仅留表皮，稍大后把叶食成缺刻或仅残留叶柄，严重时常造成全树叶片被吃光，不仅当年产量受损，而且能造成二次花开，严重影响树势及次年产量。

2. 发生规律

一年发生一代。以蛹在树冠下 1～18 厘米土中越冬，翌年 7 月上旬至 8 月上旬羽化，7 月中下旬为羽化盛期。成虫昼伏夜出，趋光性较强，常产卵于叶背，卵期约 7 天，7 月下旬至 8 月上旬幼虫开始孵化，8 月中旬至 9 月中旬为幼虫发生盛期，幼虫危害高峰期在 9 月上中旬，幼虫共 5 龄。幼虫期平均约 40 天，其幼虫早晚及夜间取食，受惊有吐丝下垂的习性。老熟后陆续入土化蛹越冬。

3. 防治措施

① 人工防治。冬季或早春深翻树盘挖越冬蛹，收集后处理，或将蛹翻于地表，使其被鸟啄食或经风吹日晒死于失水。

② 诱杀成虫。利用成虫趋光性，可在 7 月成虫羽化期设置黑光灯。

③ 人工捕捉。利用初孵幼虫的群集性和受惊吐丝下垂的习性，可人工摘除群居幼虫的叶片、卵块或振动树枝，使其受惊吐丝下坠，集中消灭。

④ 化学防治。幼虫 3 龄前是防治的关键时期。以 30%阿维灭幼脲乳油 3000 倍液防治效果最好，其次是 5%灭幼脲 4 号乳油 2000 倍液和 2.5%果虫杀绝乳油 2000 倍液，其他药剂有 50%杀螟松乳剂 1000 倍液或 21%灭杀毙乳剂 2000 倍液。虫量过大，必要时可喷 80%敌敌畏乳油 1000 倍液或 90%晶体敌百虫 1500 倍液，或 20%菊花乳油 2000 倍液均可。喷药间隔一般 7～10 天/次，连喷 3～4 次，选择在无风或微风天气喷药，喷洒时力求均匀，

叶两面及枝干都要着药，不要漏喷。其中，因敌敌畏乳油1000倍液具有熏蒸、渗透、胃毒和触杀的作用，在晴天气温较高时5～7天喷1次，连喷2～3次效果更好。如在喷药后遇大雨，雨后及时补喷。

⑤ 生物防治。幼虫老熟入土期，在树冠下撒施白僵菌，并耙松土层以消灭土壤内的幼虫或蛹。卵孵化期喷25％灭幼脲3号悬浮剂1000～1500倍液。低龄幼虫期用Bt乳剂500倍液喷雾。喷洒白僵菌100倍液防治幼虫，时间宜在日落前2～3小时或阴天全天。卵发生盛期释放赤眼蜂灭卵，每公顷释放30万～60万头。

（十）苹小卷叶蛾

1. 危害症状

低龄幼虫取食嫩叶嫩芽，被害重者芽枯死，轻者残缺不全，影响开花、展叶和坐果。稍大后多卷叶、平叠叶片形成虫苞，在内取食叶肉，啃噬叶片成网状。坐果后，可将叶片缀贴在果面，啃食果皮果肉，被害部呈不规则凹疤，降低果实商品价值。

2. 发生规律

苹小卷叶蛾1年发生多代，以2龄幼虫在果树的剪锯口、树皮裂缝和翘皮下结白色薄茧越冬。翌春发芽时开始出蛰，爬至嫩芽、花蕾上取食，展叶期幼虫吐丝缀叶成"虫苞"，居内为害，老熟后于卷叶内化蛹。幼虫很活泼。触其头部迅速后退，触其尾部迅速前进，振动卷叶，急剧扭曲身体吐丝下垂，随风飘荡转移为害。成虫具有趋光性和趋化性，尤其对糖醋液和果醋的趋性很强，对性诱剂非常敏感。成虫产卵多在叶面或果面上，孵化后分散为害。

大气湿度对成虫产卵影响很大，天旱时不利其产卵。

3. 防治措施

（1）农业措施防治

① 科学建园。合理布局，统一规划，杜绝李树、桃树、苹果树混栽。避免相互传播虫源，缩小该害虫的适生环境。

② 加强人工防治。早春刮除树干上、剪锯口等处的翘皮，消灭此处越冬的幼虫。生长季节发现卷叶后及时剪除虫梢（注意防止吐丝坠落），集中深埋或烧毁。

（2）合理使用农药防治

① 搞好预测预报。发芽时越冬幼虫开始出蛰。花序分离期是出蛰期。幼虫出蛰后为害幼芽、花蕾和嫩叶，老熟后在卷叶内化蛹，5 月底开始出现成虫。可用苹小卷叶蛾性外激素诱芯制成水碗诱捕器，于 5 月底开始悬挂于树上，间隔距离 50 米，依面积大小每个果园挂 5～10 个。每天上午 10 时前检查记载诱蛾数量。然后捞出虫尸，加足水量（水面与容器上口及诱芯保持 10 毫米距离）。待诱捕成虫数量开始递减后 7～10 天是幼虫孵化期，即药物防治适期。

② 药剂防治。在搞好测报的基础上，应特别抓好越冬幼虫出蛰期和第 1 代幼虫的防治。相邻果园应统一行动。

选择农药品种：a. 20％灭多威可湿性粉剂 100 倍液。b. 20％虫螨星乳油 4000 倍液与 25％灭幼脲 3 号悬浮剂 800 倍液的混合剂。c. 5％高效氯氰菊酯可湿性粉剂 1500 倍液与 25％灭幼脲 3 号悬浮剂 800 倍液的混合剂。

三、苹果生理性病害

（一）苦痘病与痘斑病

1. 危害症状

苦痘病、痘斑病是苹果成熟期和贮藏期常见的生理性病害。

① 苦痘病症状。果面上以皮孔为中心出现圆斑，颜色比正常果面深，斑周围有深红或黄绿色晕圈。随后病斑表皮坏死，病部下陷，大小为1～3毫米不等。坏死的皮下果肉变褐色干缩，有苦味，不能食用，贮藏期间，病果易被杂菌侵染而腐烂。

② 痘斑病症状。以皮孔为中心出现小斑点，果皮变褐色，周围有紫红色晕圈，直径约0.5厘米，以后皮孔附近果肉变褐下陷，呈海绵状。与苦痘病不同的是痘斑病果变褐坏死较浅，仅1毫米左右，无苦味，削皮后仍可食用。贮藏期间，病果易受杂菌感染而腐烂。

2. 发病规律

这两种病主要是苹果缺钙引起的生理病害。花后5周，果实中钙的吸收总量不再增加，此后，随着果实的生长和膨大，果实中钙的浓度降低，从而引发苦痘病和痘斑病。土壤有机质含量高，碳氮比高，发病轻；砂地、低洼地发病重。前期土壤干旱，后期大量灌水均会降低果内钙含量，加重病情；偏施速效肥，特别是生长后期偏施氮肥，病情会加重；幼果期和采收前降雨多病情会加重。尽管土壤中不缺钙，但氨态氮积累时，叶中的钙不能顺利转移到果实，也易引起该病发生。

3. 防治措施

① 选用抗病品种和砧木建园；对发病严重的品种，改接抗病品种。

② 加强栽培管理。改良土壤，增施有机肥，适量施用氮肥，控制后期施氮，保持树势中庸，提高树体的抗病能力；合理负载，适时采收；合理修剪；早春注意浇水，雨季及时排水。

③ 叶面和果实喷钙。谢花后 3～6 周喷 2 次氨基酸钙，果实采收前 3～6 周再喷施 2 次。喷施浓度为前期 400～500 倍液，中后期 300 倍液。气温较高时易发生药害，喷洒前需做好试喷。

④ 加强贮藏管理。果实采收后立即用 4%氯化钙或 1%～6%硝酸钙等浸果 24 小时，可减轻该病的发生。

（二）日烧病

1. 危害症状

果实日烧病是由温度过高而引起的果实生理性病害。由于夏季高温干旱，水分供应不足，影响蒸腾作用，造成套袋苹果果实表面温度局部过高从而会形成灼伤。日烧主要发生在果实的阳面，初期果面叶绿素减少。局部变白，继而果面出现水烫状的浅色或黑色斑块，随后病斑扩大，形成黑褐色凹陷、干枯甚至裂果。

2. 影响因素

日烧病发生与气候、品种、树势、立地条件和栽培技术等有关。春夏季长期干旱和持续高温，苹果果实易发生日烧病。中熟品种日烧病较轻，晚熟品种较重。套用劣质纸袋、不规范纸袋和蜡质纸袋日烧病发生严重。果园管理水平高，套袋前后土壤墒情良好的园区，果实日烧发生率低。弱树由于根系弱、叶片少而小、果实暴露面大而发病重。丘陵果园由于树体枝量稀疏，土壤漏水、漏肥重，墒情难以保持，果实日烧病严重。树冠上部、着生于枝背上的果实发病重。

3. 防治措施

① 加强土肥水管理，促进树体健壮。高温干旱不能及时灌溉时，避免土壤追肥，更不能过量追施氨态氮肥，以防土壤渗透压升高，影响根系吸水。叶面喷布磷酸二氢钾等光合微肥，能够提高叶片光合强度，降低蒸腾作用，促进有机物合成，可减少套袋果实日烧病的发生。

② 选用优质果袋，在干旱年份，应适当推迟套袋时间，避开初夏高温；套袋前后浇足水，以降低地温；中午12～14时进行喷雾降温。

（三）果锈病

1. 危害症状

在果实果面梗部、胴部和萼部产生类似锈状的木栓层，形状不规则，边缘较明显，病部失去光泽。发病严重时，锈斑连片并呈现土豆皮色状，且果面粗糙。按发生部位分为梗锈、胴锈和顶锈。梗锈不达锈果肩，对果品的商品价值影响不大，而胴锈和顶锈则严重影响果实的外观和商品性。

2. 影响因素

（1）果实表皮结构　果锈病与苹果品种的表皮结构有关。如果果实表皮细胞大、细胞壁薄，细胞间隙大、排列疏松，下皮细胞也排列松散而不整齐，皮孔呈明显的唇状突起，具有这样的果皮结构的苹果品种容易得果锈病，如金冠、富士、秦冠等。

（2）气候因素影响　高温、高湿、多雨和花期低温是诱发果锈的主要气候因素。花期若气温低于5℃且持续时间较长时，果皮细胞受损，果面易形成果锈；因此花后1～2个月内，如果温度高于当地历年平均温度2～3℃时，降雨量多于正常年份10%～20%时，也易诱发果锈。干旱年份一般发生较轻。7～8月份连续阴雨或高温“桑拿”天气，也会加重果锈。

（3）果面水分情况　幼果期雨水在果面附着时间长，可经过角质层裂隙进入果皮，表皮及下皮细胞易因涨压增加而破裂致锈。因此幼果期果面着水时间越长，果锈病发生就相应越严重。另外，幼果期降雨日数多，以及雨后或喷药后低温高湿都会延长果面着水时间，不利于果面水分蒸发。并且高湿条件还将阻碍果实蜡质的生成，对木栓形成有利，因此果锈病发生也越重。

（4）农药使用不合理

① 用药不当。谢花后的幼果期是感染果锈的主要时期，谢花后到套袋前如果使用含铜制剂、劣质乳油、退菌特等刺激性大的药剂，都容易刺激果面，使表皮细胞木栓化，产生果锈。

② 喷药操作不当。幼果期果实表皮较嫩，如果这时喷药药液压力大，喷片喷孔过大、雾点粗，药液在果面会呈点状分布，由于局部农药浓度过高，易产生药害。另外，喷头离果实距离过近，都会使幼果果皮直接受到机械损伤，同样会产生果锈。使用这种方法进行喷雾，即使喷

的是清水也同样会产生果锈。

③ 农药浓度过高。生产实践中发现，苹果谢花后至套袋前，50%多菌灵可湿性粉剂喷施倍数正常为800倍液，如果喷施浓度加大或者混配农药种类过多时，则极容易产生果锈。

④ 外界损伤。幼果期如果发生沙尘暴，易使果面茸毛脱落，导致表皮细胞损伤，从而在迎风面出现果锈。另外，干旱后突然降雨，果皮细胞吸水，萼洼处出现皮孔裂纹，从而会逐渐形成果锈。

3. 防治措施

① 栽培抗病品种。选择抗病性强的品种进行栽培，如富士系的宫崎、惠民等短枝型品种；在黄色品种中，可以选用较抗果锈病的王林、澳洲青苹等品种。

② 进行果实套袋。幼果期进行果实套袋，一是保护果实免受不良环境的影响；二是促进果实蜡质形成和角质层增厚，增强果实的自我保护能力。所以，果实套袋是防止苹果果锈发生的有效方法。如果套袋前喷一次杀菌剂，则对果锈的预防效果会更好。

③ 预防低温冻害。在霜冻来临前，可采取熏烟、喷水等措施预防，还可以在苹果开花前、谢花后喷布预防霜冻或低温危害的防霜冻药剂，既能提高树体抵抗低温危害的能力，又可修复并愈合受到低温危害的幼果表皮。

④ 合理用药

a. 合理选择农药。在幼果期避免使用杀菌剂，不要使用对果皮有刺激的波尔多液、石硫合剂、国产代森锰锌和退菌特等农药。要使用80%大生M-45可湿性粉剂、

75%百菌清可湿性粉剂、50%多菌灵可湿性粉剂等杀菌剂。同时注意花后2个月后再进行尿素叶面喷肥，以免伤及幼嫩果皮。

b. 正确进行喷药操作。在幼果期喷药，喷头离果面要保持50厘米左右间距。喷片的喷孔要小，药液的雾化程度要高，药液喷洒到果面上要均匀分布，这样喷药后才不会形成药害。

c. 合理配制农药浓度。幼果期是农药敏感期，喷药时要严格按照农药使用说明配制药液，不要擅自加大农药配制浓度，以免产生药害。如80%大生M-45可湿性粉剂浓度应掌握在800～1000倍液，75%百菌清浓度为800倍液。

d. 在果园周围营造防护林。为防止果园遭受沙尘暴危害，可在果园四周营造防护林，降低大风及沙尘对幼果果面的危害。果园防护林在树种选择上，要求树冠紧密、直立，并对果树无相互影响，同时要根系深、根蘖少、不串根，不易遭受风害。

（四）缺硼

1. 危害症状

苹果缺硼时叶子出现顶枯和丛生现象，顶枯后下部侧枝萌发出很多小而厚的小叶，叶色暗绿，形成“簇叶”。开花后花发育不良，花粉管生长慢，不能受精，大量落花。果实则表现为：果实内出现斑块，形成缩果、软心或干斑。根据症状可分为3种：一是锈斑型，沿果柄周围的果面上着生褐色细密横向条纹锈斑、干裂，但果肉无坏死病斑，只表现果肉松软；二是干斑型，落花后15天幼果背部阴面产生圆形红褐色斑点，病斑处皮下果肉呈水渍状半透明，表面溢出黄褐色黏液，后期病果果肉坏死变为褐色至暗褐色，病斑干缩凹陷干裂，轻病果仍继续生长；三是木栓型，生长后期（8月份）果实发病较多，初期果肉病部呈水渍状褐色，松软呈海绵状，不久病变组织木栓化，果实表现凹凸不平，手握有松软感，木栓化部分味苦，不能食用。

2. 发病条件

（1）土壤中含硼量不足　苹果缺硼与果园土壤类型关系密切。

（2）土壤水分失调　土壤有机质含量少、有效硼含量低的果园，如遇干旱（特别是花期），极易发生缺硼症。此外，果园湿度较大，也易发生缺硼症。

（3）栽培管理不当　单施化学肥料比有机肥料施用多的苹果园容易发生缺硼症。如过多施用氮、磷肥，会影响各元素的均衡吸收，包括对硼的吸收。另外，不及时疏花、疏果，挂果量过多，会因硼的供应量不足而引发缺硼症。

（4）其他因素　如植株部分根系、茎组织因病虫或人为原因而导致输导组织损伤，影响硼向果实、枝叶顶端的输送，往往造成同一植株不同部位零星先后发生或同园不同植株先后出现缺硼症状。

3. 防治措施

① 增施优质有机肥。提高土壤有机质的含量，改善土壤的通透性，调节土壤矿物质养分之间的平衡。

② 合理施用化肥。对缺硼严重的果园，可根据单株产量，在秋季以百千克果向土壤中株施含硼量为0.05～

0.15千克的硼砂或硼酸，施入量不要过大。避免连续过量施用钾肥，降低土壤的酸碱值，有利于硼的溶解吸收。

③ 根外追肥。可于花前7天或花期叶面喷施0.1%～0.3%的硼砂液或0.1%～0.2%的硼酸液，对于已有缺硼症状的果园，可用以上药剂连续喷2～3次，中间相隔10～15天。

（五）缺锌

1. 发病症状

苹果缺锌主要表现在新梢和叶片上，树冠外围的顶梢表现尤为突出。春季病枝发芽晚，新梢节间变短，叶片细小簇生，呈莲座状。病叶狭小细长，质硬而脆，叶缘上卷，叶片黄绿色或浓淡不均，叶脉颜色变浅。病树花芽较少，花朵小且色淡，坐果率低或果小畸形。重病树叶片自新梢基部逐渐向上脱落，树冠空膛，根系发育不良，易发生根腐病。

2. 影响因素

不同的苹果品种抵抗缺锌病的能力有差别，其中以青香蕉、国光、红玉、秋花皮等品种发病较严重。沙质果园中土壤瘠薄，含锌少，或土壤透水性较好，因灌水较多易造成可溶性锌盐的流失。碱性土质中的锌易被固化，不易被根系吸收。土壤黏重、板结、活土层浅，根系生长衰弱，影响对锌的吸收。重茬果园土壤中病源多，也会造成缺锌病的发生。果园秋季施用有机肥少，土壤中有机质含量少，营养元素不平衡，造成土壤缺乏必要的微量元素。生长季节氮肥施用量过多，土壤中含氮量过大，造成树体对锌的需求量增多。此外，如果修剪过重，连续重回缩，会促使缺锌病的发生。

3. 防治措施

① 选用优良品种建园。建园时选择红富士、元帅系等综合抗性较强的品种，并选择地势高、排水好、向阳、通风透光的地方建园，此外，不要在重茬果园或苗圃地再建苹果园。

② 化学防治。根据苹果树对锌的需求特性，通过补充锌肥，可有效防治苹果缺锌病的发生。结合秋施基肥每株成龄树加施硫酸锌 0.5～1 千克。但在碱性土壤中效果较差。在叶芽开始萌动而未发芽前，喷 3%～5%硫酸锌溶液或萌芽后喷 0.1%硫酸锌溶液。由于氮素可促进锌的吸收，可在苹果盛花期后 20 天喷 0.2%硫酸锌加 0.3%尿素溶液，对减轻症状有良好的效果。

（六）其他缺素症

1. 苹果缺铁症

危害症状：新梢顶端的幼嫩叶变黄绿色，再变黄白色。叶脉仍为绿色，呈绿色网纹状。全叶白，从叶缘开始出现枯褐色斑。严重时，新梢顶端枯死，旱枯梢现象。

防治措施：增施有机肥改良土壤，增加土壤中铁的可利用性。冬季结合深翻改土，每株结果树施入硫酸亚铁 0.5 千克，掺入畜粪 50 千克。施入后在沟内灌水。萌芽初期喷施浓度为 0.3%～0.5%的硫酸亚铁溶液。临近发芽前，用强力树干注射机向树体注射硫酸亚铁酸化水溶液，pH 值调到 3.8～4.4。干周 40 厘米以上的失绿树每株注射硫酸亚铁 20～50 克，有效期可维持 5 年以上。

2. 苹果缺锰症

危害症状：多从新梢中部叶片开始失绿，从叶缘向叶脉间扩展。同时向上部叶和下部叶两个方向扩展。除主脉和中脉仍为绿色外，叶片大部分变黄。

防治措施：叶片生长期，喷施浓度为0.3%的硫酸锰水溶液，需喷3次。枝干涂抹硫酸锰溶液。

3. 苹果缺磷症

危害症状：苹果缺磷时，花芽分化少，萌芽迟，落叶早，果实小而成熟早，肉质软面味酸。

防治措施：增施有机肥，改善土壤条件。喷施0.2%磷酸二氢钾或0.1%～0.3%过磷酸钙浸出液，适当增施过磷酸钙及氮、磷、钾复合肥。

4. 苹果缺钾症

危害症状：苹果缺钾时生长受到抑制，节间缩短，最后生长停止，枝条先端枯死，叶片小，呈蓝绿色，花芽小，果小色泽差。

防治措施：增施有机肥，改善土壤理化性质。喷0.2%磷酸二氢钾或0.3%～0.5%氯化钾溶液。

5. 苹果缺氮症

危害症状：苹果缺氮，叶片黄绿色，枝条纤细，叶小，一般叶片无枯死部分出现，树势较弱。

防治措施：增施有机肥，并根据缺氮程度合理增施氮肥。根外追肥，喷施0.3%～0.5%的尿素溶液

四、无公害苹果病虫害防治

（一）加强检疫

严格植物检疫制度，对苗木、接穗等繁育材料及果品

进行严格检验。

（二）农业防治

1. 结合冬剪，清理果园，降低病虫源基数

在休眠期，结合冬剪，剪除病虫枝，清除枯枝落叶、杂草和落果，刮除树干翘裂皮，并集中烧毁或深埋。

2. 结合施肥，深翻树盘，抑制病虫害发生

冬季土壤深翻，可以将土表或土里越冬的病虫直接杀死或深埋到土壤深层，使之不能继续生存和传播。

3. 果园生草或地面秸秆覆盖

果园实行生草栽培或地面秸秆覆盖，增加植被多样化，创造天敌适宜生长发育的条件，丰富害虫的天敌种类。

4. 果实套袋

果实套袋能免受空气中尘埃及农药的污染，减轻病虫为害，减少农药残留，提高果实的外观品质，是生产绿色无公害苹果的一项重要技术措施。

（三）机械防治

1. 树干绑草把

9～10月，山楂叶螨、卷叶蛾、潜叶蛾等害虫陆续下树越冬，9月份可在树干上部、大枝基部绑草圈（用干草拧成较松软的草把、草绳在主干、主枝、侧枝上绑4～5圈）诱集害虫、害螨。10～15年生的大树要绑在三大主枝中部，树龄越大绑草位置相应越往上移，冬季或早春将草把解下烧毁。

2. 杀虫灯防治

频振式杀虫灯具有诱虫广谱、杀虫量大等特点，每盏

灯有效诱捕面积为20～30亩，成本低。诱到的金龟子、蛾类等昆虫还能喂鸡、养鱼，形成良好的生态循环。

3. 糖醋液及其他方法

利用糖醋液、吃剩的西瓜壳（加少量敌百虫放于果园中）、人工捕捉、设黄盘诱蚜等均可一定程度上诱杀昆虫。

（四）生物防治

1. 利用天敌昆虫

在苹果园里积极利用瓢虫、草蛉等捕食性天敌和赤眼蜂、丽蚜小蜂等寄生性天敌防治害虫。瓢虫主要捕食蚜虫、叶螨等；草蛉主要捕食蚜虫、叶螨、介壳虫及鳞翅目虫卵；赤眼蜂主要把卵产在鳞翅目害虫的卵内，幼虫以寄生的卵为食料，可防治卷叶蛾、食心虫等。

2. 利用天敌微生物

防治病虫为害，即以菌治虫杀菌，是利用昆虫的病源微生物杀死害虫，昆虫的病源微生物能在害虫新陈代谢过程中产生一种毒素，使害虫食入后发生肠道麻痹，引起肢体瘫痪，停止进食。

3. 利用生物药剂

生物药剂具有广谱、高效、安全、无抗药性产生、不杀害天敌等优点。其有效活性成分基本存在和来源于自然生态系统，能防治对传统产品有抗药性的害虫，不会有交叉抗药性。

4. 昆虫生长调节剂

经试验：灭幼脲3号防治苹果金纹细蛾、各种卷叶虫等效果很好，对鳞翅目害虫有特效；兼具杀卵和幼虫，还能使成虫产生不育作用，有效期可达15～20天。

5. 植物源农药

主要植物源农药有除虫菊素、烟碱、大蒜素、鱼藤酮、蛔高素、芝麻素、腐必清等。

6. 利用昆虫性激素

如用桃小性诱剂、金纹细蛾性诱剂进行诱捕和干扰其交配。

（五）利用矿物源农药

矿物源杀虫、杀菌剂如机油乳油、柴油乳油、石硫合剂和波尔多液等。石硫合剂具有杀虫、杀螨、杀菌的作用，在苹果萌芽前喷3～5波美度，生长季节用0.1～0.5波美度。波尔多液可防治多种病害，对多种害虫也有驱避作用，在生长后期使用能起到很好的保果、保叶的作用。

（六）化学防治

生产无公害苹果，并不排除化学农药的使用。当病虫基数较大不得不使用化学农药时，要严格按照无公害食品苹果生产技术规程中的农药使用原则，选用三证齐全的正规厂家生产的高效低毒有机合成农药，对果树和天敌安全、污染小或无污染的农药。禁止使用高毒、高残留农药，如久效磷、甲胺磷、氧化乐果、福美砷等；限量使用中等毒性农药，如乐斯本、高效氯氰菊酯等。严格按照农药安全间隔期使用农药，在采果前20天内，禁止使用化学农药，加强虫情预测预报，有针对性地使用农药。

第四章　果实采收及贮藏保鲜技术

一、苹果采收技术

（一）适宜采收期的确定

确定适宜的采收期，对苹果的产量、品质和果实贮藏期都有很大的影响。采收太早，果实个小，影响产量，同时果实的色、香、味未完全表现出来，造成风味差、商品性低、贮藏性下降。采收过晚，造成落果，果实耐贮性及运输能力降低，同时使树体的贮藏营养减少，影响次年果树的生长发育和结果。因此做到适时采收是十分重要的。

采收期主要由几方面来确定。

（1）外观性状　包括果实大小、形状、色泽等都达到该品种的固有性状。

（2）内在指标　富士系苹果，果肉硬度在6.8～7.6千克/厘米^{2}为适宜采收期，贮藏果品要比鲜食果硬度稍大；可溶性固形物含量12%～15%为采收适期，若推迟采收，可溶性固形物含量升高，硬度降低。

（3）果肉淀粉含量　果实成熟时淀粉转化为糖，淀粉含量下降。将碘液涂于果实横截面上，若70%～90%没有染上色为适宜采收期。

（4）果实生育时期　每个品种从盛花期到成熟期都有一个相对稳定的天数，一般早熟品种为100～120天，中熟品种125～150天，晚熟品种为160～180天。因不同地区果实生长期积温不同，采收期会有所差异，各地最好在自己习惯采收期前10天左右内分期采收。

但任何一种果实成熟度的确定指标均有其局限性，同一品种在不同产地及不同年份，果实的适宜采收时间可能不同，因此确定某一品种的适宜采收期，不可单凭一项指标，应将上述各项指标综合考虑，确定果实的成熟度。

（二）采收方法

鲜食苹果目前主要是人工采收，人工采收可以做到轻拿轻放，机械损伤少，可以对果实成熟度进行判断和分期采收。人工采收要点如下：采收人员要修平指甲，戴上手套，用手掌将果实向上一托，果实即可自然脱落，果实放入采收袋或采收篮。

（三）采收时间

采收期中午外界气温较高，采摘的果实携带大量田间热，果实呼吸速率高，呼吸消耗大，果实贮藏性丧失快，因此，采收应尽可能安排在上午10点之前和下午4点以后进行。

（四）采收过程

1. 采收顺序

按照由外向内、由下向上的顺序采收，采收树冠顶部的果实时，要用梯子，少上树，以免撞落果实，踩断果枝。

2. 保留果柄

采摘时一定要保留果柄，采摘后将果柄剪至稍低于梗洼，以防止扎伤果面。

3. 无伤采摘

整个采收过程要做到轻摘轻放，无伤采摘。

4. 分期采收

对成熟度不一致的品种，要分期采收，可提高果实品质和便于管理。

（五）采收工具

简单的采收工具可以显著提高采收效率，减少采收人工费用，同时可以降低采收果的机械伤害率。

1. 剪果钳

剪果钳的主要作用有两个：一是从树上直接剪下果实，可以避免机械伤及对果树的伤害；二是可以剪去果柄，避免在运输、贮藏过程中造成机械伤害。

2. 采果梯

采果梯为辅助采收工具，主要用于采收树体较高部位的果实。它可以在一定范围内调整高低，帮助采摘人员顺利完成采收作业。

3. 采收袋

采收袋主要用于采收时暂时盛放果实。采收袋重量轻，成本低，方便采摘人员上梯采果作业。但如果采收袋不适宜，则果实挤压易造成损伤。国内采收袋大多就地取材，用蛇皮袋、帆布等制作；而国外采收袋内衬软布，上部开口，下部有带内衬的拉链，便于下果时拉开缓慢倒入包装箱内，采收袋有一个背带，便于斜挎在采果工人的肩上。同时采收袋的制作既要考虑到对果品的机械挤压，又要考虑到采收者的身高以及承受力等。

4. 周转箱

田间周转箱材料多为塑料，也有竹制和藤制。周转箱要求可以叠放，便于周转使用。箱体的强度要高，延长使用寿命。田间周转包装箱的装载重量，一般不超过一个人的最大搬运能力（约 20 千克）。内壁衬垫发泡塑料、薄膜、树叶或稻草，以减少箱壁对果实的挤压损伤。

5. 手推车

手推车主要把周转箱或周转筐从田间转运到地头。大小规格与转运箱和转运筐的规格相符合。

6. 手扶拖拉机和架子车

手扶拖拉机和架子车主要用于短途的运输，从田间地头将果品运送到贮藏地点。目前存在的问题主要是农村田间地头道路质量差，颠簸严重，对果实的挤压损伤大，所以采收前，各乡镇或自然村要对果园周围的道路进行维护修缮。

二、苹果贮藏保鲜技术

（一）果实贮藏前的预处理技术

苹果在采收后，为保证贮藏质量，在贮藏前对苹果进行预处理是十分重要和必要的。预处理的好坏直接影响贮藏期间的果品品质变化。预处理包括：剔果、分级、浸果、预冷。

1. 剔果

主要是严格地剔除病果、烂果及有日灼伤或机械伤的苹果，防止个别坏果影响到全部苹果的贮藏品质。

2. 分级

主要按果形、大小进行分级。即根据果实横径的最大部分直径分为若干等级。例如，我国出口的红星苹果，直径从65～90毫米，每相差5毫米为一级，分为5级。

3. 浸果

目前水果的防腐处理在国外已经成为商品化不可缺少的一个步骤，我国许多地方也广泛使用杀菌剂来减少采后损失，可达到辅助贮藏的作用。这里介绍两种简易的自配保鲜剂配方。

① 10千克水和0.5千克清洁的盐，充分搅拌溶化即可使用。苹果放入10分钟即可。

② 10千克水和1克乙酰水杨酸（安全无毒，化学药品店有售），搅拌溶解后即可用，浸果时间也是10分钟。

4. 预冷

果实采后及时降温，叫预冷，它是预处理中最主要的环节。

苹果采收时正值高温季节（主要针对用于贮藏的中晚熟品种），日均温度在25℃左右，果实本身呼吸作用旺盛，放出热量较多。刚刚采收的果实不仅有自身释放的呼吸热，还持有大量的田间热，此时果温高于气温。如果采收后立即入库贮藏，易发热腐烂，影响品质，缩短贮期。因此，果实采后应当散热降温，这样可以降低果品的生理活性，减少营养损失和水分损失，延长贮藏寿命，改善贮后的品质。

一般而言，较经济的预冷方法是自然预冷，即将采收的苹果放在通风的地方使其自然冷却。常用的方法是在荫凉通风的地方做土畦，深 15 厘米左右、宽 1.2 米左右。把果实放入畦内，排放厚度以 4～5 层果为宜，白天遮阴，夜间揭去覆盖物通风降温，降雨时或有雾、露水时，应覆盖以防止雨水或雾水、露水接触果实表面。经 1～2 夜预冷后于清晨气温尚低时将果实封装入贮或直接入贮。若清晨露水较重，应于该天傍晚将覆盖物撑起至离果 20～30 厘米处，这样可达到预冷又防露的目的，次日清晨即可入贮。

（二）果实的贮藏方法

1. 塑料袋贮藏

也称限气贮藏法。首先精选无碰伤、无病虫害的苹果，然后用保鲜液浸泡其稍许捞出，并贮存于通风木箱或筐内自然晾 4～5 天，待果实表面药液基本风干，用 0.05～0.07 毫米厚的聚乙烯塑料保鲜袋小心地将完好无损的果实装好，并扎紧袋口，可将装好的塑料保鲜袋放在通风较好的土窑洞或屋内摞起来。在实施时要及时放袋、封袋，调节好氧气与二氧化碳的浓度。该方法可贮藏 5～6 个月，好果率可达 85%左右。

2. 湿沙贮藏

将选好的优质苹果放入 1∶400 倍的多菌灵药液或 200 倍等量的波尔多液中，让其浸泡 5～10 分钟后取出，再用手抓成团、手松即散的湿沙平铺 7～10 厘米厚，随后在湿沙上摆一层苹果，再用湿沙盖严。用前述方法依次向上摆放几层，最后四周都用湿沙围好，用牛皮纸或报纸覆盖。此外，翻检也很重要，通常以每隔一月一次为宜，拣出坏果。在贮藏过程中，应随时保持沙子的湿度。采用此法贮藏的苹果3个月基本不变。

3. 贮藏沟贮藏

选择地势高燥、地下水位低、向阳背风处挖沟，南北方向，沟深超过冻土层厚度，一般深1米，宽1～1.5米，每沟间隔60～80厘米，挖好后经一段时间预冷，降低沟内土温，然后在沟底铺6～10厘米厚湿润细沙，在沟底每隔一定距离垫立砖块，以便沟底通风；将苹果摆放沟内，高度80厘米左右。入沟初期在果筐顶部盖一层苇席，防寒保暖。管理上从入沟到小雪节尽力降低沟温，白天要覆盖遮阴，夜间揭开覆盖物降温；小雪至次年2月，此时重点是保温防冻，随着气温的逐渐下降而增加覆盖物厚度；次年2月以后气温回升，管理重点是适当通风防止沟内温度上升过快，根据大气变化减少覆盖物；3月上旬地温显著回升时，果品出沟，结束贮藏。

4. 冷藏库贮藏

冷藏库贮藏的最适温度为0℃，冷藏库温度一般控制在－1～0℃，适宜的空气相对湿度为90%，二氧化碳浓度不能超过3%。

果实入库前库房要进行清扫消毒，可用10克/米^{3}硫黄加锯末均匀点燃，发烟后密闭2天，然后打开门及通风口通风；也可用福尔马林（含甲醛40%）1份加水40份配成1%的溶液，用3千克/米^{3}喷布地面和墙壁，密闭24小时，通风2～3天后果实入库。将挑选好的果实放入0.03毫米厚的无毒聚乙烯薄膜制作的袋中挽口装箱贮藏，每袋盛10～20千克，每个袋上打4～5个直径1厘米左右的小孔，以利通风透光，降低二氧化碳浓度。果筐堆码可采用直立式、梅花式、井式的方法，垛之间留有通道以利通风和管理，垛距天花板50厘米以上，垛高度不能高出冷风机的冷风出口处，以防果实受害。

5. 气调保鲜贮藏

气调保鲜贮藏方法是目前国际上使用最普遍、效果最好、最先进的一种保鲜技术。一座完整的气调库由库体结构、气调系统、制冷加湿系统构成，用以调节影响果实贮藏的温度、湿度、二氧化碳浓度等因素。据统计，欧美国家中，果蔬产品的气调贮藏已占总产量的60%，而我国气调贮藏尚不足总产量的1%。发展前景十分广阔。

6. 自发气调贮藏（MA）

是指将水果封闭在具有特定透气性的塑料薄膜（或带有硅窗的薄膜或其他膜）制成的袋或帐中，利用水果自身的呼吸作用和薄膜的透气性能，在一定的温度条件下，自行调节密闭环境中的氧气和二氧化碳浓度，使之符合水果气调贮藏的要求，从而延长水果贮藏期的贮藏方式。我国是MA技术研究和应用最普遍的国家，最常用、应用效果最理想的MA贮藏材料是0.02～0.06毫米的PVC膜或PE膜。目前我国的相关机构研究开发出了多种水果专用保鲜膜（袋）和配套的保鲜剂、防腐剂、乙烯和二氧化碳吸收剂等相关技术，如国家农产品保鲜工程技术研究中心研制的绿达系列果蔬保鲜膜及其配套的CT系列保鲜剂，甘肃省农业科学院研制的以纳米SiO_x果蜡为代表的单果涂膜微气调技术等，使我国的MA技术已经基本成熟和走在国际前列。

（三）果实的防腐保鲜技术

苹果果实防腐保鲜的药剂有过碳酸钠、仲丁胺、氯化钙溶液或碳酸钙溶液、紫胶涂料等。药剂防腐保鲜方式有药剂浸，洗果，果面涂蜡，熏蒸，保鲜纸应用等。

1. 树冠喷施过碳酸钠

作为常温贮果的防腐剂，过碳酸钠的效果稳定而明显。因此，在采收苹果的当天，用1%的过碳酸钠溶液对树冠进行全面喷施，可起到防止贮藏期间青霉菌和轮纹病菌浸染的作用。也可在采后用0.5%过碳酸钠溶液浸泡果实2～3分钟。在配制药液时，宜用35℃的水，药液最好即配即用，1吨果实约需1千克的过碳酸钠。

2. 应用防腐保鲜剂

① 仲丁胺溶液浸果。仲丁胺是常用的水果防腐剂。仲丁胺可杀死苹果上的轮纹病等病菌，并且用量小，残留少，对人安全。方法是用0.25%～1%仲丁胺溶液（20～50℃）浸果。

② 钙处理。用钙处理采摘后的苹果可提高其硬度，并能相对降低果实生理病害的发生率。处理时，可用3%～6%的氯化钙溶液或5%的碳酸钙溶液浸果，也可用波尔多液在采摘前对果树进行喷施。为进一步提高防病效果，在用氯化钙溶液浸果时可加入多菌灵，以每100千克果实用30克40%多菌灵可湿性粉剂为准。

③ 果实涂被。果实涂被可以抑制果实呼吸，延长贮期。常用的涂料有紫胶涂料加入防腐剂或淀粉、蛋白质等高分子溶液加植物油制成混合涂料。

④ 洗果消毒处理。果实采收后尘垢较多，且在生长

期内喷药而被污染，有必要进行清洗杀菌。常用的苹果消毒剂有以下几种：稀盐酸（0.5%～1.5%）、稀盐酸1%加食盐1%浸果5～6分钟、高锰酸钾0.1%溶液等。

⑤ FK保鲜王。FK保鲜王是国内众多保鲜专家研制的新型液体保鲜剂，作用机理是抑制乙烯的产生。其使用方便，价格便宜，能很好地抑制虎皮病的发生，保持苹果的硬度、脆度、风味，延长了贮藏期和货架期。

FK保鲜王使用方法简单，苹果采后用塑料布做个简易的气帐，然后把苹果贮藏于气帐中，再把保鲜王注射于气帐内或滴加其内后一熏即可。白天摘，晚上熏，第二天放入地沟埋贮。贮存到翌年2～3月份还新鲜如初。总之，保鲜王加地埋贮藏的效果接近冷风库，保鲜王加冷风库的效果接近气调库，保鲜王加气调库可降低气调成本。如果按目前全国每年平均贮藏25亿千克苹果计算，此技术全面推广后每年大约可增加效益10亿元左右。

3. 应用保鲜纸

保鲜纸是在造纸过程中添加防腐剂，或在纸上涂布防腐剂、杀菌剂制成的。其有很好的弹性和韧度，质地柔软，可以较好地保护被包的果实，并有效杀灭果实表面的各种病原菌，还可对撞击所形成的创伤起到吸收和缓和作用，减轻装箱及运输中擦碰挤压形成的机械伤。

（四）苹果贮藏保鲜的发展新方向

由于化学药剂对于苹果的防腐保鲜在人类健康方面有一定的负面影响，因此，开发天然保鲜剂对苹果进行贮藏保鲜是今后的发展方向。

气调库贮藏保鲜技术和设备将会得到发展。用气调库贮藏保鲜能大大延长苹果的贮藏期限和大幅度降低由于微生物和生理病害造成的损失，并能保持苹果的营养价值。气调库的发展方向是组合式冷库，冷库应建到产地去。这就必须要求建造组合式冷库，才能大大缩短工期和降低建造成本。在气调库建造规模上，应是大、中、小结合，产地应以发展中小型气调库为宜，大型库应建在大城市。

发展冷藏气调集装箱也是一个发展方向。冷藏气调集装箱是联系苹果产、供、销冷链的中间环节，采用冷藏气调集装箱，不仅可以保证易腐苹果不受损坏，达到保鲜目的，而且可使港口装卸效率提高8倍，铁路车站装卸率提高3倍。尤其对于广东、香港来说，由于港口建设和铁路运输方面的有利条件，冷藏气调集装箱将是一个重点的发展方向，也是现代化的冷链运输系统的核心部分。它依靠自身的机械设备制冷，不受外界气候条件的影响，温度稳定，贮运效果好。

推广应用塑料小包装将是另一个发展方向。塑料小包装的作用在于为苹果创造一个相对独立的环境，防止水分、氧气的自由通透，不仅能抑制蒸腾作用．又能防止变质果蔬的相互传染，而且成本低廉、使用方便，应大力推广。

第五章 果实商品化处理

苹果采后商品化处理（分级、清洗、打蜡、包装）是国际市场对商品水果的基本要求和现代果品生产的必备环节，其作用是保证商品水果在流通领域保质、保鲜、外观漂亮、包装精美适当和货架期持久，以提高商品水果的市场竞争力。

目前发达国家商品鲜果的采后打蜡处理率高达80%～90%，国际平均水平为30%，我国仅为5%左右。近年来，大量经过精确商品化处理的进口水果对国内市场冲击很大，我国水果采后商品化处理也出现了强劲发展的势头。我国苹果生产效益尚未达到应有水平，除科技含量偏低外，采后商品化处理水平低也是主要因素。发达国家采后商品化处理几乎达到100%，我们仅有0.95%，差距是相当大的。苹果采后商品化处理包括分级、清洗、打蜡、包装等环节。经过处理后的苹果，果实表面光洁，果个大小均一，色泽度基本一致，商品性状明显提高，其常温保鲜期大大延长，满足苹果市场对高档苹果的需求，提高苹果的市场竞争力，同时可提高销售价格，增加苹果生产者和经营者的经济效益。

一、果实分级

分级就是将收获的苹果，根据其形状、大小、色泽、质地、成熟度、机械损伤、病虫害及其他特性等，依据相关标准，分成若干整齐的类别，使同一类别的苹果规格、品质一致，果实均一性高，从而实现果实商品化，适应市场需求，有利于贮藏、销售和加工，达到分级销售，提高销售价格，满足不同层次的消费者的需要。通常可按要进入的目标市场的等级标准进行分级。

（一）分级标准

2001 年 2 月 12 日中华人民共和国农业部发布了苹果外观等级标准（NY/T 439—2001）。鲜苹果一般按果形、色泽、鲜度、果梗、果锈、果面缺陷等方面进行分级；中华人民共和国国家标准鲜苹果（GB/T 10651—2008），将鲜苹果分为优等品、一等品和二等品 3 个等级，对我国苹果主栽品种的外观质量、内在质量和食用安全性作了明确的规定，是鲜苹果分级和交易的基本准则。出口苹果主要按果形、色泽、果实横径、成熟度、缺陷和损伤等方面分为 3A、2A 和 A 三个等级。各等级对果个的要求是大型果不低于 65 毫米，中型果不低于 60 毫米。

（二）分级方法

1. 人工分级

人工分级就是果实大小以横径为准，用分级板分级。分级板上有直径分别为 80 毫米、75 毫米、70 毫米和 65 毫米规格的圆孔，分级时，将果实按横径大小（能否通过某个等级圆孔），分成 1 级、2 级、3 级。果形、色泽、果面光洁度等指标完全凭目测和经验判断。这种分级方法掺入了主观因素，准确度低，果实损伤多，劳动成本高，经济效益低，现已无法适应国内外市场的需求。

2. 机械分级

利用果品分级机进行分级，具有分选准确、迅速、轻柔，减少机械损伤，果个、色泽、成熟度的均一性高等特点。目前生产上应用的果品机械分级主要有以下几种。

① 机械重量分级机。这种分级机包括数段可调重量分级区，每段移走符合该分级区重量指标的果实。先移走重的，后移走轻的，动作轻巧，分级准确，工作稳定。

② 重量分级机。这种分级机靠重量单指标判定，精确可靠，对各种形状不规范的苹果都能分级。

③ 可编程序的电子重量分级机。这种分级机主要由差动变压器、信息处理机和自动位移记录器组成。通过将苹果重量转换为差动变压器的输出功率，并同信息处理机中给定的电子参考值相比较来判定等级。不同等级苹果的称重范围是以信息处理机输入的相应数值来确定的。适用于大范围（8 个级别以上）苹果分级需要。

④ 可编程序的光电分级机。这种分级机是在对苹果尺寸分级的基础上，再对苹果外观和着色率等进一步分级，是先进的现代化无伤痕作业线。

二、洗果打蜡

清洗和打蜡都是果品营销中的重要环节，能很好地提升产品的品位和价格。

（一）洗果

就是采用浸泡、冲洗、喷淋等方式水洗或用毛刷等清除果实表面污物、病菌，使果面卫生、光洁，以提高果实的商品价值。套袋苹果由于果面洁净可不必洗果。

1. 清洗与消毒技术

清洗苹果的方式有两种：量少的可以用手工在大盆中清洗；量大的有专用的清洗机。涂蜡分级机分为果品清洗功能段和抛光功能段。操作开始后，先将循环水注满水箱，然后放入苹果，清洗功能段的清洗毛刷辊及其上部清洗喷嘴形成的雾化水流可洗去果面上的附着物（泥土、污物、药物等残留物），接着水流将苹果推向进果提升机，将苹果提出水面，并输送到清洗抛光机，抛光功能段的毛刷辊在将果面擦干的同时，对上蜡前的苹果果面进行预抛光。

2. 溶液洗果

用清水洗不掉的果面污物、霉菌、农药等，可用不同配方的溶液进行洗果。清洗用的药剂可根据果实受到的污染物不同而定，具体可以选择以下几种配方。

① 稀盐酸。用浓度为0.5%～1.5%的稀盐酸。不需要加热，能溶解铅等重金属盐，但不易除去油脂，对清洗机的腐蚀作用也大。

② 稀盐酸加食盐溶液。用浓度为1%的稀盐酸和1%的食盐溶液浸泡5～6分钟，可增加溶解有毒物的效力，并可以使果实浮在水面上，便于清洗中的操作和观察。

③ 稀盐酸加矽酸钠。在加温到37～45℃时，可以除去各种油脂污垢，最后，再用清水冲洗干净。

④ 石油或其他重矿物油。浓度为1%的石油或其他重

矿物油，能除去铅等有毒的重金属，还能除去油垢，增加果面光泽，其效果很全面。

⑤ 高锰酸钾加漂白粉。0.1%的高锰酸钾溶液兑60毫克/千克的漂白粉，在常温下浸泡数分钟，能清洗去各种化学药品。生产上一般采取综合的方法，用1%的稀盐酸兑1%的石油，浸泡1～3分钟后，清洗干净，然后清水冲涮一下。

（二）打蜡

就是在果实的表面涂一层薄而均匀的果蜡，也称涂膜，果面上涂的果蜡是可食性液体保鲜剂，经烘干固化后，形成一层鲜亮的半透性薄膜，用以保护果面，抑制呼吸，减少营养消耗和水分蒸发，延迟和防止皱皮、萎蔫，抵御病菌侵染，防止果肉腐烂变质，从而改善苹果商品性状，更重要性的是增进果面色泽，美观漂亮，提高商品价值。

果蜡的类型很多，配方也是多种多样。美国用2%的多菌灵蜡液打蜡；日本用蜡的成分很复杂（植物蜡16%，吗啉脂肪酸盐4%，纯水73.3%，虫胶树脂5.5%，对羟基安息酸丁酯1.2%，还采用明胶、淀粉和苏打做成涂料），在果实表面挂一层无色无味的薄膜；德国用25%高纯度石蜡、5%蜂蜡、0.2%的山梨酸和74.8%的水，混合成一种涂料。我国使用的石蜡乳剂、打蜡乳剂有两种：一种是液体石蜡加吐温80（Tween 80）；另一种是液体石蜡加司盘80（SPAN 80），效果都很好。两种配方中常常要加一点杀菌剂，起保护作用。乳化剂用三乙醇胺或油酸。

涂蜡的方法有人工和机械两种。人工涂蜡适于果量小的工作，即用浸了涂料的毛巾、软刷、棉布等抹于果实表面，要全面均匀，或将果实浸蘸到配好的涂料中取出后即可，简单易行。处理苹果数量大时，最好用机械涂蜡，以提高涂蜡质量和工作效率。在涂蜡机上，安装于机器顶部的蜡液注射机喷射雾化良好的蜡液，蜡流量可由空气压强器进行调节，涂蜡毛刷可使果蜡液均匀涂于果面。

三、包装装潢

优质、高档苹果配以精美的包装、装潢，目的是提高市场竞争力，进入超市，提高售价。

(一) 包装容器

1. 包装容器材料

苹果包装容器材料要求卫生、美观、高雅、大方、轻便、坚固，有利于贮藏堆码和运输。

① 纸箱。一种是瓦楞纸箱，其造价低，易生产，但纸软，易受潮，可作为短期贮藏或近距离运输用。另一种是由木纤维制成的纸箱，质地较硬，或作为长期贮藏和远距离运输用。

② 塑瓦楞箱。用钙塑瓦楞板组装成不同规格的包装箱，轻便、耐用、抗压、防潮、隔热，虽然造价高，但可反复使用，成本可降低。

③ 藤制品。造型精美的竹筐、藤筐、篮子作为高档礼品包装容器，已进入超级市场。

④ 包装软纸、发泡网、凹窝隔板等。

这几种材料多年来已投入使用，效果很好。

2. 包装容器规格

① 包装箱。内销用包装箱容量为10千克、15千克、20千克不等，出口用为17千克。

② 包装盒（礼品盒）。容量有1千克、2千克、3千克、4千克装的包装盒（礼品盒），有便携式和套盖式，精美、高雅，越来越受到消费者青睐。

（二）包装技术

经过人工或机械分级、清洗和打过蜡的苹果，要进行包装。作为长期贮藏的苹果，可在包装后入库冷藏，或洗果打蜡后，先放入周转箱内，贮入冷库，待出库销售前再进行包装。

1. 贴商标标签

根据自己的苹果品牌，设计商标标签，其风格、色彩、表现力要与苹果注册商标相一致。在每个果面同一部位贴上商标标签或技术监督部门监制的防伪标签。

2. 包果与装箱（盒）

包果时，先将果梗朝上（果梗已用果梗剪剪过），平放于包装纸的中央，先将纸的一角包裹在果梗处，再将左右两角包起来，向前一滚，使第4个纸角也搭在果梗上，随手将果梗朝下平放于包装箱（盒）内。要求果间挨紧，呈直线排列，装满1层后，上放1层隔板或垫板，直至装满，盖上衬垫物后加盖封严，用胶带封牢或用封箱器捆牢。

在每个包装箱（盒）内，必须装同一品种、同一级别的苹果，不能混等。相同规格的包装箱（盒）内，装入同一级别的苹果，而且果个数要相同，其果实净重误差不超过±1%。为了运输方便，可将2～8件小包装盒装入大的外包装箱。

在每个包装箱（盒）和外包装箱上要标明品种、产地、重量、个数（盒数）、级别等。包装箱（盒）和外包装箱应具有坚固抗压、耐搬运的性能，同时应美观、大方，含有广告宣传的效果。

第六章　苹果低产园改造技术

一、低产苹果园的主要类型

（一）树冠郁闭低产园

有些果园按密植园设计定植，而按稀植园管理，尚未结果树冠即严重交接。这种园一般由于修剪不当或栽培管理跟不上等原因，造成树冠过早交接，内部过早郁闭，光照及通风条件差，群体结构不良，从而致使树冠内膛光秃，寄生枝增多，结果部位外移，所结果量少质差，影响其商品性能。

（二）粗放管理低产园

粗放管理园是指未能根据苹果品种特性及其对管理技术的要求来进行科学栽培，管理水平很差，每年只进行少量土壤耕作，基本不施肥灌水，整形修剪也很粗放，从而造成园貌不整齐，树形紊乱，树势衰弱，通风透光不良，病虫危害严重，产量极低或基本无产的果园。此类树根系生长不良，致使5～6年生的树结构混乱，光照条件恶化，贮存养分少，无力成花，难以进入盛果期。另外因缺乏必要的物资、劳力和技术投入，导致树体生长不良，大枝过多，旺枝丛生，中心干过弱，抱头生长，枝条外密内稀，呈现被头散发或扫帚形。

有些果园定植后，不采取任何技术措施，只任其自然生长，地面草荒，树上枝乱，始终处于野生状态，是产量及效益低下的果园。此类树表现为：树形紊乱，主从不分，树体不匀称，大枝过多，旺枝丛生，分枝角度小，树姿直立，整个树冠呈抱头生长状态。树冠内膛出现光秃细弱枝枯死。中心干大枝密布或无中心干，单轴延伸枝多，枝头出现花芽，仅外部和下部零星结果，树下杂草丛生，又不耕作，处于荒芜状态，树上也不整形修剪、防治病虫，有些干脆弃而不管，如同用材树一般，产量很低。

（三）遭受自然灾害低产园

由于霜冻、冰雹、干旱、大风、冻害等各种自然因素的破坏作用，造成树体营养不良，落花落果严重，从而导致产量低下。此类树表现为：树体外部损伤，残枝缺叶，有时花芽形成容易，花量大，但由于树体营养不良，花芽质量不高，易形成大小年，大量结果后树势迅速衰弱，造成枯枝死树。有时花期遭受晚霜危害，树虽开花但坐果率低。有时果实膨大期极度干旱，影响果实生长。

（四）矮化砧或短枝型苹果低产园

采用矮化砧木或短枝型品种进行矮化密植，是实现苹果早期丰产、高产稳产的重要途径，近年来已在苹果生产上进行了大面积的推广与应用，极大地促进了我国苹果生产的发展与栽培制度的变革，在向集约化栽培方面迈进的过程中，取得了可喜的成绩。

但是由于矮化砧与短枝型品种栽培，在理论上与实践上都与以前的乔化稀植栽培有很大的差别，有其相应的一套栽培管理办法。目前生产上许多地方都有部分果农仍沿用传统的稀植大冠树的管理办法，而使树体生长与结果的平衡关系失调，营养生长与生殖生长的矛盾突出，出现了相当数量的低产苹果园，急需进行挖潜开发与改造，迅速扭转低产局面。

二、树冠郁闭低产苹果园的改造

苹果丰产园的群体结构指标是：树体覆盖率不超过75％，树高控制在行距的4/5以内，两行之间至少留1米空间，树株之间高矮起伏、呈波浪状，树冠内光照维持在全日照强度的30％以上，通风透光良好。

郁闭园由于密度过大，株间交接，园内通风程度差，有效光大为减少，个体生长受到抑制，群体结构不良，生态条件恶化，使生殖生长受到影响，花芽分化不良，以致影响了苹果的产量和质量。

为了改善郁闭园的通风透光条件，需要采取合理措施，调整栽植密度和枝条分布、解决生长与结果的矛盾，使个体生长所受的抑制解除。根据郁闭程度的轻重，可分为轻度郁闭园和严重郁闭园，针对两种情况采取不同措施。总的原则是“以疏为主、疏缩结合，适时间伐”，一定要从群体着眼，从个体入手，解决光照，复壮枝组，提高产量和品质。

（一）轻度郁闭园的改造

1. 肥水管理

由于树冠交接不甚严重，可适当控制肥水，每年生长后期不宜多施氮肥，免得树冠继续扩大，使郁闭程度加重。尽量采取主干环剥、不截甩放、适当疏枝、土壤施用或叶面喷洒多效唑（PP333）等促花措施，以果压冠来控制树势过旺，使树体迅速转向生殖生长、增加花芽数量，为尽快丰产创造条件。

2. 冬季修剪

① 细致修剪结果枝组。对冠内枝组采取“三套枝”剪法，即结果枝不剪，当年结果；部分营养枝长放，当年成花，作预备枝；部分营养枝短截当年发枝，下年成花，交替结果，维持枝组连续结果。

② 疏除过密枝。疏除层间过密的辅养枝，对生枝和重叠枝，疏剪成回缩外围枝，增加透光率，提高树冠内有效光的比重，使最下一层枝能接受到大于或等于30%的相对光照，促进花芽分化。

③ 控冠。中心干达到预定高度时，不再短截，甩放成花，结果后再落头开心。对主枝延长枝不再打头，甩放成花。而对那些第1层主枝已交接、第2层过旺的要适当疏除上部过密旺枝，基部主枝环剥或环割。如果树冠上部并不过强、下层枝条交接又不严重时，可暂不落头开心，而只把影响第1层主枝光照的上层个别大枝疏除，以改善内膛和下层的光照，切忌采用疏除树冠下部大枝、保留上部大枝的修剪方案，以免骨干枝逐年上移，影响产量。

④ 缓放。疏除上部大枝后，对其余枝条要尽量缓放，结果枝组也要多放少回缩，以利缓和树势，促进结果。

⑤ 延迟修剪。树势过于强旺，要改冬剪为春芽发芽后延迟缓势修剪。缓和树势增加中短枝比例。

⑥ 隔1行压缩1行。即1行缓放不动作为保留行，

另 1 行压缩，为两边相邻行的树让路，尽量使其多结果，直至最后刨除为止。也可将压缩行改为去掉中心干的开心形，与保留行高低交错，全园呈波浪起伏状。

3. 夏季修剪

一般夏季修剪措施有环割、环剥、摘心、扭梢等，可应用于此类树，把重点放在促花上。

① 层间辅养枝要环割或环剥，强旺枝要环剥，主干要环剥，但对元帅系品种主干只宜环割。在春季时还要保花保果，使树势缓和。

② 若主枝头已交接，要对其甩放、拿枝或扭梢，不再短截控制树冠继续扩大。

③ 对那些交叉的大型辅养枝，要采用转主换头或拉枝补空的方法，使株间大枝错开生长，合理利用空间。

④ 生长季节要开张枝条的角度，应因树形、枝条位置而异。加大枝条角度有利于生长缓和，促生中短枝，使营养生长向生殖生长过渡。

（二）严重郁闭园的改造

对枝条交接严重，内膛果枝细弱，产量极低的严重郁闭园，可采取间伐或间移措施，调控密度、扩大株行距，以利于通风透光，改善成花生态条件，进行变化性密植栽培。

1. 间伐

间伐可分为隔株间伐、隔行间伐或斜行间伐，在管理时要分清保留的株行和间伐的株行，区别对待。对保留株行，既要考虑长远利益又要结合当前利益来管理，使扩冠和早果同时兼顾，而对欲间伐株行，则要重点考虑短期利益，并且在管理上从属于保留株行。

① 对计划间伐的株行，在夏季要进行主干环剥，使多成花、多挂果、提高产量，春季疏花疏果时能多留尽量多留，以果压冠是控冠的有效措施。

② 逐年疏除间伐树主侧枝，并每年疏除直立旺枝，使整个树体保持中庸树势，当主枝所处位置妨碍保留树的发展时，要为保留树的发展让路。

③ 对保留株行仍按既定树形修剪，短截骨干枝延长枝，培养骨架与结果枝组。迅速扩冠，占领空间，以便将来担负较高产量。

2. 间移

把过密园中挖出的树换地方重新栽植，叫间移。一般6年生以下树龄的树都可以移栽。移栽应尽量避免折伤保留株的枝干，间伐株的粗根尽量少伤。移栽一般在秋季采果后进行，移栽的坑要结合施基肥或填入绿色植物的茎干、提高土壤肥力。就近起苗时，能带土球移植最好，有利于提高成活率、缩短缓苗期，尽快恢复树势和产量。

三、粗放管理低产苹果园的改造

在一些苹果新区，由于栽培管理技术跟不上，重栽轻管，存在着许多粗放管理和放任生长园，导致树势过弱或过旺，树形紊乱，结果年限延迟，产量很低。严重影响了苹果生产潜力的发挥，降低了果园的经济效益。因此，很有必要进行改造，尽快提高产量。

（一）粗放管理低产园的表现

1. 粗放管理的小老树

这种果园一般立地条件较差，土层过于浅薄或是贫瘠沙地，经常缺水干旱或土壤过于黏重、排水不良，易受涝害。每年只结合间种作物而捎带给果树施些肥料、灌些水，土壤管理很粗放，常常是地上有收入，树上没产量。不能及时防治病虫害，枝干受伤或叶片早落，形成未老先衰的小老树。枝干粗糙，营养枝很少，小枝细弱，叶片稀旧小，成花少，或虽有花而坐果率低，果小、质差、全树生长极弱，树冠矮小，病虫害发生严重。

2. 放任生长树

这种树栽上后，没有进行正常管理，任其自然生长，地面草荒，树上枝荒，没有一点修剪的基础，病虫害较多。其特点是：主从不分，树形紊乱，大枝过多，密挤丛生；中央领导干弱，骨架不牢。树冠抱头生长严重，光照不良，枝条细长，内膛空虚。

3. 旺长低产园

这类果园一般均建在立地条件好、肥水充足的地方。树体生长旺盛，年生长量大。但由于缺乏管理或管理不当，全树长枝条比例过大，并且大多数为两季生长，枝条直立，树冠郁闭，多数枝旺而不壮，很难形成花芽。其形成的主要原因是肥水管理不当、修剪过重、回缩过急、短截过多等造成的。

（二）粗放管理低产园的产生原因

1. 栽植不当或重栽轻管

建园时未进行合理的规划或制订严格的栽植计划，从而给苹果生产带来隐患。如园址土层瘠薄，经常缺水干旱；或地势低洼，土壤过于黏重，易积水；定植时密度过大或过小，栽植过浅或过深，定植穴过浅等，影响了果树正常的生长和发育。苗木质量差，如嫁接处愈合不全，或砧穗亲和力不良，起苗时伤根太多，根系小、须根少，栽后长时间不能恢复生长，造成长势不旺，这些都会给苹果树的早果、丰产、稳产带来困难。

果树只栽不管，将果树当间作物看待。土壤耕作时给结果树带来许多机械损伤，使苗木迟迟不长。有些是思想认识上不重视，有些是投工、投资不足，而造成低产园。

2. 土壤管理粗放

我国苹果园多数建立在丘陵、山地、沙滩及盐碱地上，这些地区土质瘠薄、结构不良、有机质含量少，不利于果树的生长发育。有些地方在果树定植前或栽植后，不进行必要的土壤改良，造成果树生长不良、形成低产园。有的土壤管理不当，抑制了果树的正常生长，如在冬季进行深翻时，根系外露时间过长，由于外界气温较低，引起根系受冻。干旱地区进行早春土壤深翻，土壤水分大量蒸发，无灌溉条件而引起旱害。土壤间作不当对果树生长影响也很大。幼树期间作玉米、向日葵等高秆农作物或小麦等与果树争夺水分养分矛盾突出的作物，且树盘内不留保护带，间作物影响了果树的通风透光，且和果树竞争肥水严重，造成树体长势不旺或多年不长。还有些果区在行间间作喜水蔬菜，一年四季大肥大水供应，引起果树旺长、徒长，造成树形紊乱，也不利于早果丰产。

3. 缺肥少水或肥水不当

肥水不足、过量或不当，都会影响果树的正常生长。一些丘陵或山地果园，土壤肥力低下，水分缺乏，保肥蓄水能力差，不能满足苹果树的正常生长需要。若不注意肥水供应，则树体生长缓慢，多年不结果或产量很低，果个小、质量差。

4. 病虫害防治粗放

病虫害防治也是果园管理的重要一环，放任生长树或管理粗放的树一般生长势弱，通风透光不良，病虫害危害严重，如腐烂病、炭疽病、轮纹病等造成树势早衰，天牛蛀伤枝干、破坏了输导组织，各种早期落叶病及食叶性害虫造成叶片早落或残缺，影响营养的制造和积累，削弱果树的生长机能，导致果园低产。

5. 整形修剪粗放

果树定植后从未整形修剪或连年粗放修剪，造成树形紊乱，层次不清，主从不明，通风透光条件差，多年不能形成花芽或花芽稀少，造成果园低产、晚产。

（三）粗放管理低产园的改造技术

粗放管理低产园，成因主要是管理技术落后或人为地缺乏管理。改造这类低产园，应从提高园主的思想认识水平入手，引起他们思想上的重视，真正把果园当作致富的大事来抓；同时严格推行一些切实可行的技术，逐步提高栽培技术水平。根据低产园的具体情况进行土壤耕作，施肥灌水，合理修剪，及时防治病虫害，尽快恢复树势，及早达到丰产稳产的目的。

1. 搞好土壤管理

大部分山地和沙滩地果园土层薄、结构不良，有机质含量低，蓄水保肥能力差，果树生长不良。为了尽快复状树势，必须从土壤管理入手，改良土壤理化性状，使土壤中水、肥、气、热协调，促进根系生长，提高根系吸收能力。

（1）深翻熟化土壤　对土层厚度不足50厘米、下层为硬土层或砾石层的瘠薄山地，或30～40厘米以下有不透水黏土层的沙地，均应深翻熟化，结合深翻施有机肥，改善土壤结构和理化性状，加深土壤耕作层，给根系生长创造良好条件。

深翻最好在果实采收前后结合秋施基肥进行。此时地上部分生长较慢，养分开始积累；深翻后正值根系生长高峰，有利于切断的根系伤口愈合，而且能促发新根。深翻的深度一般为80～100厘米。幼树可采取深翻扩穴或全园深翻，成年树可进行隔行深翻。为避免伤根过多，深翻一般在树冠垂直投影线以外进行。

深翻挖出的表土与心土，应分开堆放。回填时，先在沟底放入适量树枝、蒿秆或杂草等，以提高底土的通透性，然后填1层表土、1层基肥，再将两者拌匀，然后再填1层表土、1层基肥，这样逐层拌匀，最后将心土覆于沟的上层。

深翻时要尽量避免断伤直径1厘米以上的粗根。翻出的根系，随时覆土加以保护，以防干死。填沟完成后要充分灌水、促进土壤沉实，根土密接，以利尽快加速根系活动。有不透水黏土层的沙地，深翻后在行间的沟底铺碎石形成暗沟排水道，排泄底层积水。

（2）培土掺沙　在山区薄地、沙滩地或地下水位高的果园，通过培土可以增厚土层。保护根系，增加营养，改良土壤结构。黏重土壤可通过掺沙或掺炉灰渣，提高土壤透气性能，防止积水过多。

培土掺沙一般在晚秋初冬进行，每次压土厚度要适宜。过薄起不到压土作用、过厚影响根系呼吸，不利根系生长。一般每次5～10厘米，可每年或隔年进行。沙土以压黏土、田泥、塘泥为好。土质黏重的应掺沙或含沙质较多的疏松肥土。培土的方法是将所培土块均匀分布全园，经晾晒打碎，通过耕作将其与原来土壤逐渐混合。

（3）土壤耕作　幼树期在树盘内可采取清耕法和清耕覆盖法。耕作的深度以不伤及根系为原则，每年可进行5～6次中耕除草。有条件的地方，中耕除草后可盖10厘米左右的有机物，如绿肥、调碎的作物秸秆、野草等。

幼树树盘外可进行间作，间作时要注意间作物的选择。间作物要有利于果树的生长，其植株要矮小，在生育期间与果树需水临界期最好能错开，尽量避免间作物和果树进行光照、肥水的竞争，在进行间作时要加强树盘肥水管理，以满足果树生长对肥水的需求。较好的间作物有甘薯、豆类、花生、绿肥作物等。

成年树果园土境管理以清耕法、生草法和覆草法较好，覆草法近几年在生产上得到大力推广，较符合我国国情。其方法是：覆盖前，应深施基肥，中耕15厘米，然后利用切碎的作物秸秆，如稻草、麦秸、绿肥、瓜蔓类、野草等覆盖全园，厚20厘米左右，草上星星点点覆上一些土以防风刮和着火。以后逐年加盖10厘米，使覆盖层维持在20厘米厚。秋冬施基肥时，可先将草扒开，施肥后重新盖上。覆草法在山地果园效果较好，在平原涝洼地、黏土地或经常高湿度的果园应慎用。

2. 科学施肥

放任生长苹果园适龄不结果或结果树单位面积产量低、质量差的一个重要原因是土壤有机质含量低，肥力不足，树势衰弱或虚旺。因此科学施肥、增施有机肥，改善树体营养水平，是改造低产园的关键措施之一。

（1）基肥　在山区、丘陵等土层较瘠薄的低产园应加大基肥施用量。基肥以有机肥为主，如堆肥、厩肥、圈肥、粪肥、绿肥、作物枯秆、杂草、枝叶等。

施肥时间以 8 月底到 9 月中旬，最迟不超过 10 月为好。早秋施肥比晚秋和冬季施肥好。早施基肥根系正值生长高峰，断根愈合快，还可迅速促发新根。另外，当时气温较高，有机肥施用后易于分解，翌春可及时供根系吸收。一般低产旺长园可每年每株施 50～100 千克优质农家肥，生长季节压施绿肥 40～50 千克；对那些土壤瘠薄、有机质含量低的山地及保肥保水能力差的沙地果园，应加大有机肥施用量。幼龄期的衰弱树可每株施 50～100 千克有机肥加 0.5 千克复合肥，成年树可每株施 100～150 千克优质农家肥加 1 千克复合肥。

（2）追肥　为了尽快恢复树势，必须对放任生长或粗放管理的低产园适时追肥，以尽快达到丰产、稳产的目的。对放任生长的小老树或生长势较弱的树，幼树全年施氮 350 克、磷 500 克、钾 250 克。每年土壤追肥 3 次：第 1 次于发芽后，每株施 0.25 千克尿素、0.25 千克含磷复合肥；第 2 次于春梢停长后，每株施 0.25 千克尿素，0.25 千克硫酸钾、0.25 千克含磷复合肥；第 3 次于 9 月份，每株施 0.25 千克尿素、0.5 千克硫酸钾、0.25 千克含磷复合肥。从萌芽到春梢停长期，每隔15～20天叶面喷1次0.3%～0.5%尿素溶液。结果初期全年施氮500～1000克、磷500克、钾500～1000克，结果期全年施氮1000～1500克、磷500～750克、钾1000～1500克。

结果初期及结果期树每年土壤追肥4次：第1次，花前追肥。这次追肥可促进萌芽开花整齐，提高坐果率，促进营养生长，这次肥以氮肥为主，配施磷肥。这次追肥可适当增加施肥量。第2次，花后追肥。这次追肥可促进营养生长，扩大叶面积，提高光合效能，减少生理落果。这次以速效性氮肥为主。第3次，果实膨大和花芽分化期肥。一般在6月下旬进行较好，这时部分新梢停止生长，花芽开始分化，追肥可提高光合效能，促进养分积累，有利于果实肥大和花芽分化。这次肥以氮磷为主配合施用钾肥。第4次，果实生长后期追肥，这次应氮、磷、钾配合施用，最好结合秋施基肥进行。在生长前期每隔15～20天叶面喷施1次尿素。

对于旺长低产园，应控制使用氮肥，多施磷钾肥。全年追施氮500克、磷500克、钾750克。每年可土壤追肥3次：第1次，可在发芽后，每株施0.2千克尿素、0.5千克硫酸钾、0.25千克含磷复合肥。第2次，春梢停长后。每株施0.5千克尿素、0.5千克硫酸钾、0.5千克含磷复合肥。第3次，结合秋施基肥每株施0.3千克尿素、0.5千克硫酸钾、0.25千克含磷复合肥。

3. 及时灌水与排水

（1）适时灌水　灌水时期应根据果树不同的物候期对水分的需求，气候条件及土壤水分状况进行。保证果树生长前半期水分的充足供应，以利生长与结果；生长后期要控制水分，保证及时停止生长，使果树适时进入休眠期。有条件的果园，1年可进行3次必要的灌水。

① 花前水。我国苹果产区多春旱，萌芽前后到开花前适量灌水，补足土壤水分，可以促进树体萌芽和抽生新梢，达到萌芽开花整齐的目的，同时还可减轻春寒和晚霜的危害。

② 花后水。一般在开花后半个月左右，在5月下旬前后。此时降雨少，蒸发强度大，树体需水量大，对土壤水分不足很敏感。此期灌水对促进新梢生长、果实膨大和减轻生理落果均有一定作用。

③ 封冻前灌水。多在11月上中旬土壤封冻前进行。为了满足休眠期的需要，提高树体抗寒越冬能力及促进早期根系活动，灌水应充足。

其他时间的灌水应视干旱情况而定，在6～9月份，若土壤不过于干旱，应尽量不灌或少灌，以免引起秋梢旺长，不利于树体正常越冬。

（2）果园排水　在地势低洼的易涝地或平原果园，应做好果园的排水工作、防止果园产生涝害。

在无灌溉条件的果园，为了保证树体正常生长对水分的需求，应注意搞好果园的保墒工作，如山地、丘陵地区果园修梯田、鱼鳞坑或撩壕等水土保持工程。在肥水管理方面推行一些旱作技术，如穴贮肥水、覆草或免耕等，以减少土壤的水分散失，施肥要注意多施有机肥，适量施用速效性氮肥，增施磷钾肥、提高果树的抗旱能力。

4. 合理整形修剪

（1）粗放管理小老树的复壮修剪　小老树的复壮，一般从改善根系生长入手，通过深翻改土，增施有机肥，促进根系生长发育。在修剪上，应注意以下几个方面。

① 修剪时不宜疏剪过多。在果树营养生长未恢复前，只剪除部分细弱枝和病虫枝，尽量多留枝叶，增强光合作用，加速恢复地上部分的生长势　一般发育枝要留饱满芽短截，增加枝量，促进营养生长。尽快恢复增强树势，为以后开花结果打好基础。

② 尽量少留花芽。有花芽的树，在树势恢复阶段尽量少留或不留花芽，以减少消耗，促进全树复壮。中长果枝、生长势较强的营养枝以及各级骨干枝的延长枝从中部饱满芽处短截，下垂的主侧枝用支架撑起或用绳吊起，使其角度抬高，对水平的枝头，可用背上枝换头。

③ 全树 2～3 年内均不让其结果，在骨干枝上尽量少留伤口。

（2）一般放任树的整形修剪　放任树由于没有修剪基础，往往大枝过多，交叉混乱，骨干枝基部光秃、枝条细长、骨架不牢。其修剪的原则是：因枝修剪，随树做形，切忌强求树形，大拉大砍。具体剪法如下。

先疏去病虫枝、枯死枝、折劈枝、开张角度后，选出方向、部位较好的大枝作主侧枝，对过多的大枝应分年疏除或回缩。其原则是：疏除严重影响主侧枝生长的大枝。对其余的枝条，长势强的，疏除其直立旺枝或大分枝，使其单轴延伸。生长期拉枝开角，配合环剥，促进成花。长势弱且有空间的，采取拐弯式缩短，复壮其中、后部，控制其生长范围。枝条密挤的地方，采取别、曲、扭枝的办法，引伸到枝少的地方。骨干枝延长头要在饱满芽处短截，以增强长势。

对放任树修剪的头2～3年，一般每年疏除1～2个大枝，不可多疏，以免中心干上伤口过多，引起树势定弱。对其余暂时保留的辅养枝，要在加强土肥水管理的基础上进行夏季环剥或环割。在重剪大枝的情况下，为避免1年修剪量过大，一般可不动小枝。当大枝调整好、小枝已渐丰满时，再修剪小枝，以培养健壮而合理分布的枝组。

在骨干枝的光秃部位，应充分利用新生的营养枝培养成结果枝组，弥补空间。对1～2年生的长枝要注意春季刻芽，增加枝叶量和短枝的比例。

(3) 放任旺长低产园的改造修剪

① 延迟冬剪。为抑制其营养生长，冬剪以延迟到春季萌芽前后进行为宜。其具体修剪方法如下。

用撑、拉、压、连三锯等多种手法开张主、侧枝及辅养枝角度，主枝分枝角度保持在60～70度，辅养枝80～90度。枝条基角过小，开角时要防止基部劈裂，又要避免梢角过大，腰部上弓，造成背上冒条徒长，形成树上长树。

骨干枝及中央领导干弯曲延伸，以缓和树势，促进各部平衡。

疏除过密的直立、竞争、旺长枝。其余辅养枝要轻剪缓放，用弯、别、压等措施使之水平或下垂到中缺处，缓放1～3年后，多数可成花结果。待树势稳定后，及时回缩一部分较弱的枝条，培养成骨干枝组。但回缩弱枝时不能操之过急，一次不能回缩过多、过重，以免使树势重新转旺。

一次疏枝也不宜过多，以免促发徒长枝，影响成花、结果。

② 加强夏剪。早春对直径为1～2厘米的1、2年生辅养枝进行刻芽，促进萌发短枝。春季于萌发前，及时除去剪锯口周围萌动的芽，减少树体抽生徒长枝，节约养分；5月下旬至6月上旬，将直立新梢进行扭梢、拿枝等，削弱其生长势，以利形成花芽。在树冠有空间的地方，可暂时保留培养枝组的徒长枝，当新梢长到40～50厘米时，将新梢嫩尖掐去5～10厘米，使新梢留下15～16个大叶片。削弱新梢的旺长，促进发生短枝，以利成花。

在5月下旬到6月上旬，对保留下来的辅养枝进行环剥或环割。环剥宽度为枝条直径的1/10，但最多不超过1厘米。元帅系品种不宜环剥，可进行多道环割。对连续生长2年的直立强枝，通过拿枝改变其枝势。秋季对旺梢连续多次摘心，以控制其旺长，促进枝条提早成熟，提高其抗寒性。

5. 加强病虫害防治

粗放管理低产园一般树势较弱，抗病力低，一些寄生菌所致的病害如腐烂病、轮纹病、干腐病等发病较重。另外，一些真菌引起的早期落叶病，叶螨、蚜虫、卷叶蛾、潜叶蛾等发病率也较高；由于肥水管理条件差，果园还常常发生一些缺素症，如黄叶病、小叶病等，如不及时防治病虫害尽快恢复树势，则会引起树势进一步衰弱，因此要做好有关病虫害的防治工作。

6. 做好树体保护

放任生长园一般树势较弱，抗逆性差，易遭受冻害、日灼等自然灾害。因此必须做好树体的保护工作。如树干涂白防止冻害和日灼，树干基部培土防止根颈受冻等。对腐烂病或日灼引起的伤口要及时加以保护。首先用刀削平刮净伤口，然后用2%硫酸铜或5波美度石硫合剂等进行消毒，最后再涂上铅油保护剂、促进伤口愈合，防止树势进一步衰弱。

四、遭受自然灾害低产苹果园的改造

我国苹果栽培区自然条件复杂，各地常有自然灾害发生，影响苹果树的正常生长发育，给苹果生产带来一定危害，如冻害、冻旱、霜害、日灼、风害、旱害、涝害、雹害等。因此，积极防灾是保证果品产量和质量的重要措施。一般来讲，对各种灾害都应以预防为主，如注意适地适栽、建立防护林、做好水土保持和土壤改良工作、搞好树体保护等。但是，由于种种主客观原因，没有认真做好预防工作，发生了自然灾害后，就必须尽快采取积极的栽培管理技术，保护根系、保枝保叶、保花保果，加强土、肥、水管理，合理修剪，适时防治病虫害，迅速恢复树势，力求将灾害带来的损失降到最低限度；同时又要预防再次发生自然灾害，以提高低产园的产量和经济效益。

（一）遭受冻害低产园的改造

1. 冻害产生的原因

（1）突然降温　如初冬或春季寒潮入侵而造成气温骤降，树体未来得及进行越冬锻炼或树体已萌动，抗逆性降低，导致树体细胞内部结冰，原生质脱水凝固，引起冻害发生。

（2）绝对低温低，持续时间长　我国东北、西北和华北北部，由于气候严寒，几乎每年都发生不同程度的冻害，有时还会发生严重冻害，造成苹果树大量死亡，给生产带来很大损失。

2. 影响冻害发生的因素

（1）树龄树势与受冻的关系　一般幼龄树较成龄树抗寒力弱，树势健壮的苹果树较树势衰弱或生长过旺的抗寒力强。

（2）立地条件与受冻的关系　不同的立地条件对外界环境的影响不一样，苹果树受冻情况也不一样。如山的南麓比北麓冻害明显要轻。在同一坡向缓坡地较低洼地冻害轻，沙土地较黏土地冻害重。近大水面的果园，由于水体缓和了温度变化，冬季气温高，可减轻冻害。

（3）品种与受冻的关系　不同的品种对低温的抵抗力不一样。嘎拉、格劳斯特抗寒力较强，金冠、金矮生、乔纳金次之，短富对低温抵抗力中等，元帅系品种和北斗耐低温能力较差，特别是在花期易受冻，红富士、华冠不抗冻。同一品系，乔化树耐寒性较短枝型稍差。

（4）栽培管理技术与冻害也有密切关系　如秋施肥水过多，引起树体旺长，结果过多、肥水不足、病虫害危害严重等引起树势衰弱，都不利于苹果树正常越冬，可加重冻害的发生。冬季土壤过于干旱，土温下降过低，也会引起树系受冻。

3. 受冻苹果树的挽救及管理

（1）主干完全冻坏树的挽救　这类树尚有完整的根系，可齐地面锯除地上部分，于3月底或4月初用劈接或插皮接的方法重新嫁接。1～3年生树改接时接1～2个接穗，3～5年生接2～4个接穗。干越粗接穗越多，以便使锯口尽快被愈合组织包严。每个接穗带3～5个芽，嫁接包扎好后，埋土高过接穗顶部3～5厘米，以利保湿，土堆上可覆盖1层地膜，以便保湿和提高地温。待苗长到30厘米左右时再扒去覆土、抹芽、解绑和立支柱。成活的接穗暂时全部保留以便养根，冬剪时选一健壮的培养树冠，其余的全部疏去。由于根系大，根内贮存养分较多，嫁接成活后生长较快。

（2）树干好皮占1/2以上树的挽救　对这类树，可在受冻的一面桥接1～3个接穗。桥接条可选择国光等萌芽率低、粗壮的品种。桥接成活后即可使输导组织上、下连通，逐渐恢复树势。若树干受冻面超过1/2，即使桥接成活，树势也很难恢复，故必须重新嫁接。其余树体管理与下面所讲部分受冻树的管理差不多。

（3）部分受冻树的管理

① 早春施氮促进形成层的活动。可采取枝干喷氮法，即在早春苹果树萌芽前1个月，每隔10天喷1次2%尿素，连喷3～4次。配制尿素溶液时可加入0.1%洗衣粉作附着剂。

② 注意防止腐烂病的大发生。苹果树发生冻害后，树势衰弱，易感染腐烂病。特别是受冻后的伤口处极易发生腐烂病。冬剪后未及时清理果园的，应在早春清除果园内的枯枝烂叶，集中烧毁。发芽前全树喷布3～5波美度

石硫合剂或100倍多菌灵；发芽后及时刮除受冻致死的树皮，涂抹843康复剂，并用桥接法或根接法帮助伤口养分改道运输。

③ 加强土肥水管理，尽快恢复树势。树体受冻后输导系统受到不同程度的破坏，由根系吸收供给上部的营养运输受阻；可通过根外追肥及时补充养分，从展叶后开始7～10天喷1次0.5%的尿素，连续4～5次，保证树体生长对氮素养分的需求。其他土肥水管理可按衰弱树管理正常进行，保证树体健壮生长。

④ 适当晚剪受冻伤的树。树体受冻后一般树势削弱过大，修剪最好不在休眠期进行，可在树体抽梢展叶后进行。修剪时本着轻剪的原则尽量少留伤口，只把受冻致死的枝条剪除，缓放枝及各种延长枝回缩到抽出旺枝的部位。疏花疏果时要适当重疏，减少树体的负载量，以尽快恢复树势。

⑤ 加强病虫害的防治。树体受冻后抗逆性降低，因此必须加强各种病虫害的防治，使树势尽快恢复。应重点防治腐烂病，各种早期落叶病、螨类、蚜虫及毒蛾类等各种叶部病害，保护好叶片，以便制造更多的养分，加速树势恢复。

(4) 只有芽子受冻的树　这类树围枝干形成层未受冻，故输导组织未遭破坏，但1年生枝的顶侧芽和短枝的顶芽大部分被冻死，故应加强土肥水管理，促使隐芽和瘪芽萌发新枝，夏剪时对萌发的徒长枝加以控制，更新培养结果枝组。同时也要加强病虫害的防治工作，防止树势进一步衰退。

4. 预防果树受冻的措施

(1) 园址选择　栽植时就要避免在地下水位高、地势低洼及风口处建园，应选择背风向阳、地势高燥、土层深厚处建园。

(2) 营造防风林　营造防护林、稳定果园中的小气候。

(3) 加强栽培管理，提高苹果树的耐寒性

① 土肥水管理。在花芽易受冻的地方，每年早春可进行1次灌水，推迟花期，避免花芽受冻。在果树生长前期加强肥水管理，促进树体旺盛生长；后期要控制生长，免施氮，少灌水，增施磷、钾肥，使果树提早停止生长，提高光合效能，积累营养物质，促进枝条成熟，顺利通过抗寒锻炼，适时进入休眠期。6～8年生苹果树，每年花前可每亩追施尿素20～25千克，6月中下旬每亩施尿素40～45千克、过磷酸钙70千克、氯化钾33千克草木灰400千克，施肥后进行灌水，这样可保证前期旺长和结果所需肥水。6～9月份，除结果树出现旱情需适当灌水外，一般不灌；中耕除草保墒，增加磷、钾肥，控制后期枝叶旺长，促进枝条成熟。9月份注意深翻施基肥，10月上中旬进行灌水防冻，以灌透为原则。土壤表面稍干后中耕15厘米，可使土壤结冻较晚，冻层薄，为苹果树安全越冬创造有利条件。

② 树体管理。要及时进行疏花疏果，合理确定负载量，防止结果过多，树势衰弱。夏剪时对旺长直立枝进行扭梢、摘心等使新梢及时停长，秋季注意剪除旺长秋梢，使枝条充实，提高树体耐寒性。

③ 加强病虫害防治。在加强土肥水和树体管理的同时，加强病虫害防治工作，保护好叶片，以使制造更多的养分，保持树体健壮生长，增强其抗逆性。

（4）做好树体保护工作

① 苹果树落叶后及时进行树干和主枝涂白。涂白后可减弱树干吸收太阳辐射热，降低树干的昼夜温差，减轻冻害和日灼，延迟果树的萌芽及开花期。涂白剂的制法：水 10 份、生石灰 3 份、石硫合剂原液 0.5 份、食盐 0.5 份、动物油或植物油少许。先化开石灰，倒入油脂充分搅拌，再加水拌成石灰乳，最后放入石硫合剂及盐水。为了延长涂白剂的有效期限，可加入黏着剂。

② 根际培土。果树的根茎处易受冻，可用培土的方法加以保护。另外，幼树及矮化砧的根系较浅，也需要覆土掩盖。晚秋或初冬在树基培成馒头形土堆，厚 20～30 厘米，开春天气转暖后再扒开。

③ 初冬气温骤降前灌防冻水，有明显的防护作用。

④ 幼树树盘覆盖地膜，可以提高土温，防止土壤水分散失，防止根系受冻。

另外，幼树主干包草也可减轻主干受冻，还可将幼树弯倒埋土防冻。

（二）遭受霜害低产园的改造

霜害有早霜危害和晚霜危害两种。在早秋或晚春，寒流入侵，使空气骤然降温，冷空气中的水分聚集凝结成霜，使未停止生长或已开始萌动的果树的芽、叶、花遭受伤害，称为霜害，通常将早秋发生的霜叫早霜，晚春发生的霜叫晚霜。

在苹果生产上，晚霜较早霜具有更大的危害性。春季随气温上升，果树解除休眠，进入生长期，由于组织幼嫩，抗寒力迅速降低，极短时间的零度以下低温，就可能冻死幼芽、花蕾、花或幼果。晚霜来临越晚，受害越重。早霜主要危害未成熟的枝、芽和果实，在生长期短的地区，危害也很大。

1. 影响霜害的因素

（1）地形地势　由于霜冻是冷空气聚集的结果，所以小地形对霜冻的发生有很大的影响。俗话说“霜打洼地”，即地势越低洼，冷空气越易聚集，越易发生霜害。如峡谷地、低洼地均易遭受霜害。山坡的不同部位霜冻情况也不一样，一般山坡中部最轻，山顶次之，山脚最重。狭长的谷地霜冻危害较重，而低宽平缓的谷地危害较轻。湿度大可以缓冲温度变化，所以靠近大水面或霜前果园浇水，可以减轻霜害。

（2）树龄树势　一般幼树危害较重，而成龄树危害较轻。树势过旺或过弱，霜害较重，生长中庸的树组织充实，霜害较轻；树冠的下部霜害较上部稍重。

2. 遭受霜害树的管理

（1）加强土肥水管理　苹果树受霜害，特别是晚霜危害后，使树体幼嫩的芽受冻，引起树势衰退，因此必须加强果园的土肥水管理工作，争取树势及产量的恢复。其基本方法与受冻低产园的管理相同，但注意进入蕾铃期喷0.5％磷酸二氢钾＋0.3％尿素液1次，初花期和盛花期各喷1次0.3％～0.5％尿素＋0.3％硼砂＋1％蔗糖。

（2）认真做好保花保果工作　果树受霜害后应立即停

止修剪和疏花疏果，积极采取一切措施，提高坐果率，促进果实生长发育，减轻霜害损失。

① 花期喷硼喷氮。在蕾铃期喷0.3%尿素+0.5%磷酸二氢钾；初花期和盛花期各喷1次0.3%～0.5%尿素+0.3%硼酸+1%蔗糖水；花后喷布0.3%～0.5%尿素，提高坐果率。

② 花期放蜂。为提高坐果率，每10～20亩果园1箱蜜蜂，辅助授粉。

③ 人工授粉。为确保授粉受精充分，除放蜂外还需进行人工授粉。从初花期至盛花期结束，连续人工授粉2～3次。

④ 花期环剥。根据树势强弱，酌情施行花期环割或环剥。改善树体营养分配，促进坐果和幼果膨大，环剥时间在4月底（花后15天左右）到5月底，宽度以枝条基部直径的1/15～1/20左右为宜，枝越旺越宽，但最多不超过1厘米。环剥一般只对幼旺树、辅养枝、大枝组及将要去掉的枝条进行，环剥或环割部位应在枝条最后有分枝的前面进行，每树只剥几个枝条即可，不可满树全剥，造成树势早衰。

⑤ 疏除过多幼果。当盛花后20余天确认坐果过多时，应在盛花后30天内，疏除过多幼果，改善果品质量，保持树势健壮，争取丰产稳产。

⑥ 摘除霜冻果。摘除无商品价值的霜冻果，减少营养消耗，保证其余好果的正常生长发育。

（3）春季延迟进行复剪　果树受霜冻后，部分芽或嫩梢受冻而枯死，为了恢复树势，春剪可延迟进行。由于受冻后树势衰弱，修剪宜轻。复剪时主要剪除受冻枯死部分和受霜冻刺激而由隐芽萌发的部分徒长枝。对光照影响不大的徒长枝，可加强夏剪，做好摘心、扭梢工作，以防无效枝叶增多，消耗树体养分。

(4) 加强病虫害防治　特别是腐烂病、早期落叶病及暴食性食叶害虫，保护好叶片，维持健壮树势。

3. 预防霜害发生的措施

在霜冻易发生的季节，应密切注意当地的天气预报，采取预防措施做好准备工作。

(1) 延迟果树物候期，减轻晚霜危害

① 春季灌水或喷水。春季多次灌水能降低土温，延迟果树萌芽开花。同时浇水后，土壤水分含量增高，近地面空气相对湿度大，当霜冻来临时，可缓冲温度变化，减轻霜冻的发生。萌芽后至开花前灌水 2～3 次，一般可延迟开花 2～3 天。有条件的地方，连续定时向树冠喷水可延迟开花 7～10 天，若喷 0.5%蔗糖水，效果更好。

② 利用腋花芽结果。腋花芽由于分化较晚，春季开花晚，可减轻霜冻危害。因此以顶花芽结果为主的品种，如能形成腋花芽要尽量利用。

③ 树干涂白。树干和主枝涂白可延迟发芽和开花。早春用 7%～10%石灰液喷布树冠，可使花期推迟 3～5 天，西北干旱地区由于春季温度易剧变，效果较好。

④ 喷生长调节剂。早春树冠喷布萘乙酸钾 250～500 毫克/千克或顺丁烯二酸酰肼（MH）0.1%～0.2%溶液，可抑制芽的萌动；萌动初期喷 0.5%氯化钙可延迟花期 5 天左右。

⑤ 花期放蜂。为提高坐果率，每10～20亩果园放1箱蜜蜂，辅助授粉。

(2) 改善果园霜冻时的小气候

① 熏烟。在霜冻发生前，气温降到5℃左右时，利用作物秸秆、野草、落叶等燃烧物生热放烟，可以减轻霜冻。因为熏烟可减少土壤散发辐射热，同时烟粒吸收湿气，使水气凝结成液体而放热，提高气温。其方法是：将燃烧物分层交互堆放，若燃烧物过干可适当喷水，然后在外面覆1层土，中间插上木棒，以利点火和出烟。发烟堆应均匀分布于果园四周和内部，在寒流上风口应堆放多些，以利迅速将烟布满全园。烟堆高一般不超过1米，每亩3～6堆。

也有用防霜烟雾剂生烟的。其配方是：硝铵20%～30%，锯末50%～60%，废柴油10%，细煤粉10%，将硝铵研碎，锯末过筛烘干，混合装入纸袋或铁筒内，当霜来临时，在上风口处点燃，可提高温度1～1.5℃，烟幕维持1小时左右。

另外，还可用红磷放入小铁桶内点燃后，在果园内转几圈，效果也较好。

② 加热法。加热防霜是现代防霜较先进且有效的方法。其方法是在果园内每隔一定距离放置一个加热器，在霜将要来临时点火加温。下层空气变暖而上升，而上层原来湿度较高的空气下降，在果园周围形成一暖气层。果园加热器应以数量多而每个加热器放热量少为原则。

(3) 加强果园综合管理　加强果园综合管理，既可提高果树的抗逆性，也可减轻霜冻的危害。

（三）遭受冻旱（抽条）低产园的改造

苹果幼树枝干或成年树的1～3年生枝条，在冬春季节因失水而发生皱皮或干枯，叫“冻旱”，又叫“抽条”。冻旱后往往造成树冠残缺、树形紊乱，树势严重衰弱，病虫害发生较多。严重时地上部分全部干枯死亡。发生冻旱的多是1～5年生幼树，冻旱程度随树龄增大而减弱。但如管理不当，8～10年生果树也会整个树冠干枯死亡。防止苹果冻旱应以预防为主，但已发生冻旱的果园如不加强管理，会使树势衰弱过快或造成树体的缺枝、果园缺株等，严重影响果树生产。

1. 冻旱产生的原因

（1）春季　春季转暖后，地上部分的枝条蒸腾作用加剧，而果园土壤尚未解冻，根系不能或很少吸收水分，枝条蒸腾失去的水分不能及时得到补充，出现生理干旱，这种干旱超过果树的忍耐程度即发生冻旱。特别是幼树，其根系分布浅，春季天气转暖时，大部分根系仍处在冻土层，易发生冻旱现象。

（2）冬季　冬季干旱多风，加剧地上部枝干蒸发量，当苹果枝条含水量降到35％～40％时，就会发生冻旱。

（3）秋季　幼树秋季由于肥水管理不当或其他原因的影响，停止生长晚，枝条成熟度差，或未经充分越冬锻炼，秋季低温突然来临，也会加剧冻旱的发生。入冬前，枝条遭受大叶青蝉的危害或冬季低温造成树体受损造成伤口，加剧冬春蒸腾失水，也会降低果树抗冻旱能力。

（4）品种、树龄和树势　苹果品种不同，抗冻旱能力不同。一般红星、元帅系、国光等抗冻旱能力强，而青香蕉、金冠、富士抗冻旱能力弱。幼树营养生长旺盛，秋季不易及时结束生长，再加上其根系浅，抗冻旱能力弱；而成龄树抗冻旱能力强，树势健壮、生长落叶正常、枝条充实的植株，冻旱轻；弱树生长不足，同化能力低，入冬前养分积累少，含糖量低，持水力弱，冻旱较重；旺长树生长过旺，枝条不充实，不能形成良好的保护组织，越冬性差，冻旱最严重。

（5）栽培管理不当　栽培管理技术直接影响果树枝条越冬时的状态。如过度干旱使植株不能正常生长发育，生长后期肥水过多引起枝条徒长，果树不能及时正常落叶进入休眠，修剪过重刺激枝条徒长或伤口过大过多，病虫危害或坐果过多造成树势衰弱等，都会降低果树抗冻旱能力。

2. 遭受冻旱树的管理

（1）树冠喷水或喷保护剂　早春发现果树有轻微抽条后，可对树冠进行连续多次喷水，增加果园小环境的相对湿度，使枝条保持湿润，从而减少枝条进一步蒸腾失水；或在早春将幼树均匀而周到地全株喷布两次羟甲基纤维素150倍液，使枝干表面形成一层较均匀的保护膜，抑制其水分蒸腾，防止冻旱加重。

（2）尽量减少伤口，减少水分散失　已发生冻旱的果园，不再进行花前复剪，只待已抽枝展叶后，将冻旱致死的枝条剪除，缓放枝及各种延长枝回缩到抽出旺枝的部位。

（3）加强土肥水管理　冻旱的果树由于大部分1年生枝枯死，所以前期生长不旺，到夏季才开始旺盛生长，秋季停止生长晚，枝条不够充实，冬季还可能遭受冻害和冻旱。因此要加强树体前期生长，控制后期生长，保证树体正常越冬。其具体做法是：从展叶后开始每隔7～10天，喷1次0.5%尿素，连续4～5次，并穿插喷施光合微肥、叶面宝、喷施宝、高美施等液体微肥。花前和花后及时追氮肥，并结合追氮进行灌水，而在生长后期（7月以后），应多施磷钾肥，适当控制灌水。6～9月份，若不过旱，则不需灌水，促进枝条成熟，提高越冬抗寒能力。

（4）加强树体管理　苹果树发生冻旱后，造成隐芽大量萌发，易抽生徒长枝，如不及时处理徒长枝，则会过多消耗树体养分，不利于当年坐果和花芽形成，而且枝条生长不充实，抗逆性差，冬季易受冻害。因此必须对徒长枝加以控制利用。对于因冻旱而发生缺枝的幼树，可利用徒长枝重新培养树体骨架。主干上或主枝基部的徒长枝易扰乱树形，若无利用价值应及早疏除。主枝中上部的徒长枝若有空间可通过夏季摘心加以利用。无空间的应疏除、扭梢或多次摘心促使其形成花芽。果树受霜害后由于发芽迟，前期生长弱，当年不易形成花芽，对于较旺的树可进行夏季拿枝、扭梢、环剥或环割促进花芽形成。冬剪时应尽量保留花芽，且修剪量宜轻不宜重，以防树势早衰。

（5）喷激素促进枝条提早成熟　在7月下旬到8月下旬喷布0.25%～0.3%的矮壮素，10天喷1次，共喷3～4次，促进枝条提前封顶，增强抗寒力。

（6）搞好病虫害防治工作　秋冬季未清园的果园，早春应及时清扫枯枝落叶、落果并集中烧毁。在休眠期喷3～5波美度的石硫合剂防止腐烂病发生。生长期重点喷药防治叶螨类、卷叶蛾类、梨星毛虫、蚜虫及早期落叶病等叶部病害，保护好叶片，尽快恢复树势。10 月中下旬大青叶蝉产卵期及时进行喷药防治，避免枝干受伤。

3. 防止冻旱的措施

(1) 加强管理，增强树体的越冬性　可采取“前促后控”的办法。即在果树生长前期多施肥水，为积累营养打下基础，后期少施氮肥，增施磷钾肥，尽量减少灌水次数，降水多时及时排除果园积水，控制树体后期生长。秋季对旺梢连续多次摘心，促进枝条成熟。

(2) 做好越冬防护工作　秋季在幼树枝干上缠纸、缚草，或喷布胶膜、涂白剂等，可防止水分散失，减轻日灼和冻旱的发生。11 月份在树干西北方向 0.5 米处筑长 1 米、高 0.6 米的月牙形防寒墙，提早进行冬剪，剪除生长不充实的部分，减少多余枝条的水分散失，大伤口及时涂抹铅油等保护剂等措施，均可减轻或防止冻旱的发生。

(3) 及时防治病虫害　大青叶蝉在枝干上产卵，是引起幼树冻旱的重要原因之一。在有其危害的果园，应在 10 月中下旬到 11 月中旬，在大青叶蝉产卵前对树干、树枝进行涂白，可防止其产卵。

(4) 地膜覆盖树盘，增加根系地温　2 月中下旬用地膜覆盖幼树树盘，以提高地温，促进土壤提早解冻，使根系提早活动，较快吸收水分，补充地上部树体的蒸腾失水，减轻冻旱。

(5) 合理间作，防止树体秋季旺长　幼树如在行间间种蔬菜等喜水作物，易造成枝条徒长，致使冻旱严重。因此，间作时宜种植生长期短的作物或需水少的作物，行间种植绿肥，夏季翻压。可控制秋灌，增强果树抗逆性，提高土壤有机质含量，但间作绿肥时，树干周围应留保护带，以防绿肥与果树争肥争水。

（6）控制早春灌水次数　早春灌水次数不宜过多，否则土壤升温慢，新梢开始生长晚，生长后期易造成秋梢旺长，树体长期处于营养消耗，营养积累少，因此休眠准备不足，越冬冻旱严重。

（7）合理提早冬灌　冬灌后耕翻土壤，能改善土壤热量状况，土壤冻结晚、冻土薄、融冻早，可缓解冻旱。

（8）夏秋土壤翻耕　增强伏天和秋季土壤翻耕，促进根系生长，是保证幼树安全越冬的又一重要措施。

（9）幼树埋土越冬　秋季落叶后，将幼树主干轻轻压弯成弓状，使之靠近地面，然后用细土埋严，埋土厚度30～40厘米。背部弯曲处必须埋好，冬季注意检查，发现露出树干后及时埋严，春季发芽前除土，扶直树干。

（四）遭受雹害低产园的改造

1. 雹灾的危害及发生时期

冰雹是一种特殊的降水，它常在苹果树生长期间到来，砸伤果树的枝干、叶片和果实等，使养分、水分运输受阻，叶面光合作用降低，苹果树的生长发育受到强烈抑制。苹果树遭受雹害后，可造成当年甚至数年减产。另外，雹害给树枝、树干带来机械损伤，病虫害极易从伤口处入侵，引起树势进一步衰退。1年中降雹季节常发生于4～10月份，其中以6～7月份较多。在1天中以午后较多。降雹多在山区、丘陵地带，平原地区较少发生。

2. 雹灾后的补救措施

（1）喷布保护剂　发生雹灾后，病虫害极易从伤口入侵，特别是盛果期的树负担重，患病也重。因此雹灾后应立即喷布保护剂，如1：2.5：（260～280）倍波尔多液或0.3～0.5波美度的石硫合剂或100倍腐必清等，防止病虫害的大发生。

（2）做好树体保护工作　雹灾后及时剪除打折枝，摘除雹砸严重无经济价值的叶片和果实，减少营养消耗；并将病叶落叶和病果落果及残枝等及时清理出园，集中销毁。对枝干上伤口过大的部位包裹塑料薄膜以利愈合；伤口过大过长的可进行桥接以便上下养分交流；劈裂的大枝要及时捆绑固定，支、撑、顶、吊受伤的大枝。

（3）加强土肥水管理　落花后及新梢生长期遭受冰雹危害，这时树体贮藏的养分已消耗殆尽，如不及时补肥，增强剩余叶片的光合作用，极易引起树势衰弱。

① 叶面喷肥。雹灾后叶面受损，可在灾后第2天开始，每隔15～20天喷施0.3%磷酸二氢钾+0.3%尿素，连续3～4次，也可喷布叶面宝、喷施宝等叶面微肥。

② 土壤施肥。一般20年生苹果树株施速效性氮肥2.5～3千克。5月底到6月上旬株施五氧化二磷2～2.5千克、硫酸钾2～2.5千克、混加尿素0.5～1斤。7月底到8月上旬施尿素1～1.5千克，五氧化二磷0.5～1千克、硫酸钾1～1.5千克。到9月底10月初施基肥，以氮：磷：钾为1：0.8：1计算，一般每亩施用有机肥4000～5000千克。雹灾后还要及时中耕松土，改善土壤条件，促进根系生长。

（4）加强夏秋修剪　受雹灾后枝干伤口附近不定芽萌

发较多，要及时除萌，减少消耗。5 月中下旬到 6 月上旬，对背上直立枝进行扭梢，对直立生长过弱密集枝要及时疏剪、回缩，临时枝、辅养枝及生长过旺枝进行环割或环剥促进花芽形成。秋季连续多次摘心控制秋梢旺长，促进枝条充实，增强其抗逆性。

(5) 做好病虫害防治工作　苹果树受雹灾后树势较弱，伤口较多，抗病力降低，灾后要特别进行保护。从 4 月下旬到 10 月上旬，可每隔 10～15 天喷布 1 次 1∶(2.5～3)∶(240～260) 倍波尔多液或 70％甲基托布津 1000 倍液或 50％退菌特 800 倍液或 50％多菌灵 800 倍液或 75％百菌清 1000 倍液。喷药时，要交替使用，以防病虫害发生抗药性，降低药效。对腐烂病严重的果园，可喷布 0.3～0.5 波美度石硫合剂或腐必清乳剂 100 倍液等进行防治。在剪锯伤口及病斑处涂抹腐必清乳剂 2～3 倍液或 843 康复剂进行保护，对主干及主枝较大病疤进行桥接或脚接，促进树势恢复。

(五) 遭受日灼低产园的改造

日灼又称日烧，是由太阳辐射而引起的生理病害。在北方各苹果产区均普遍发生，使果树正常生长受到影响。

1. 日灼产生的原因及症状

(1) 天气条件是日灼发生的主要因子　果树的日灼根据发生的时期，可分为冬季日灼和夏季日灼两种。冬季日灼多发生在寒冷地区苹果树的主干和大枝的西南面，由于夜间气温急剧下降，枝干组织结冰，白天经阳光直射，枝干西南面的温度明显升高而融冻，冻融交替使皮层细胞受破坏而造成日灼。开始受害时树皮发生横裂成斑块状，危害严重的韧皮部与木质部脱离；急剧受害的树皮凹陷，日灼部位逐渐干枯、裂开或脱落，造成死干、死枝。夏季日灼与高温和干旱有关，由于温度高，水分不足，蒸腾作用减弱，致使树体温度难以调节，造成枝干的皮层和果实局部的温度过高而灼伤，严重者引起局部组织死亡。枝干和根颈部受害轻时，皮部变褐，脱落；重时变黑呈烧焦状，干枯开裂。果实受害时，阳光直射部分出现红色斑块，稍重时斑块中间出现白色，严重时变成黄色和焦黄色甚至落果。

（2）不同品种间存在着显著差异　苹果的不同品种对日灼的抵抗力不一样。据调查，不管是枝干还是果实，早熟品种发病最重，中晚熟品种次之，晚熟品种发生日灼轻。

（3）果树的不同部位发生日灼病的情况不同　枝干日灼一般西南部发病率较重，根颈和树冠外围的枝条易受日灼。果实一般树冠上层的发病最轻，下部次之，中部最重；西南面的果实发病较重，而其他方向除无叶片遮盖的果实有个别发病外，其余基本无害；果柄平展或斜向下生长的果实发病较重，果柄向下生长的果实发病轻。

（4）日灼的发生与树势有一定的关系　树势强健，枝叶量大，发病轻；树势弱、树姿开张，枝叶量小，枝干及果实直接受光量大，则发病重。

2. 遭受日灼伤害苹果树的补救措施

（1）及时保护伤口　苹果树受日灼后造成的伤口，若不及时进行保护，可影响树体营养物质的运输，易造成树势衰弱，而且病原菌也易从伤口处侵染。主干、主枝上过大的伤口，可用利刀将日灼致死的树皮刮去，使皮层边缘呈弧形，然后用2%硫酸铜溶液或5波美度的石硫合剂等消毒，涂上保护剂，以保护伤口，促进其愈合，防止感染。常用的伤口保护剂有如下种类。

① 清油、铅油合剂。用清油或防水漆3份、白铅油（或适量白铅粉）1份，搅拌均匀即成。

② 桐油、铅油合剂。用生桐油3份、白铅油1份，搅拌均匀即成。

③ 豆油、蓝矾、石灰合剂。用蓝矾0.5千克、风化石灰0.25千克，先将蓝矾研成细末，再将豆油煮沸后，将蓝矾和石灰放入搅拌均匀即可。豆油的用量以能将蓝矾和石灰调成糊状为宜。如果日灼伤口过大，还需进行桥接或脚接，改变树体运输通道，以利树体生长。枝条上较小的伤口，用2%硫酸铜或5波美度的石硫合剂等消毒，再抹上保护剂即可。

（2）树干涂白　为了防止日灼加剧，发现有轻微日灼发生后，对主干和骨干枝进行涂白，防止或减轻日灼。在夏季进行涂白时，只涂主干，以防涂白剂粘到叶片上，烧伤叶片。

（3）保护果实　在夏季发现果实有轻微日灼后，摘除没有经济价值的伤果，以节约养分。对其余易受日灼的果实加以保护，防止日灼加重。其较有效的方法是对树冠外围和西南部易受阳光直射的果实进行套袋，或进行转果，使果面上有叶片保护。果实套袋的方法如下。

① 纸袋制作。纸袋有单层和双层两种，以双层纸袋为好。双层纸袋外层以黑色防潮纸（该层纸的里面是黑

色，外面是浅黄或棕色）制作，里层为红色防菌纸，用胶水粘合或用缝纫机缝合。袋长约16.5厘米，宽约13.5厘米，也可用报纸缝成简易袋。

② 套袋方法。套纸袋后，用手轻捏纸袋口，用细铁丝将袋口捆紧在果柄上即可。在果实成熟前1个月，需进行去袋，以利果实着色。除袋宜在晴天上午10点以前、下午5点以后或阴天进行。可先除去外层纸袋，3～4天后再除去里层纸袋；或先撕开下口，3～4天后再去掉整个纸袋。套袋还可促进果实的红色发育，有利于提高品质。

（4）及时补充水分　夏季日灼，主要因为高温和水分亏缺而造成，所以发现发生轻微日灼后应立即灌水或向树体喷水，补充树体水分不足，可以减轻日灼。

（5）加强土肥水管理　苹果树遭受日灼后，输导系统遭到不同程度的破坏，树势易衰弱。而且遭受日灼的苹果树衰弱树所占比例较大。因此必须加强土肥水管理，维持树体健壮生长，防止果树进一步衰弱。在干旱地区，采取中耕、除草、覆盖、蓄水，秋季深翻改良土壤，加深根系分布层等措施，提高土壤蓄水保墒能力。沙滩地区果园日灼较严重，要及时培土改土，改良土壤结构，及时追肥灌水，秋季结合深翻施基肥，满足果树正常生长要求。

（6）吊枝和撑枝　当结果量过多时引起骨干枝开张角度过大，致使骨干枝的许多部位直接暴露在阳光下，为避免日灼加重，可对分枝角度过大的大枝，特别是西南部的大枝进行吊枝或撑枝，减小其开张角度。

吊枝一般在树冠中心立支柱，用绳索引向各主枝，将主枝吊起。吊枝应在骨干枝或大枝的重心（约在大枝上部2/3处）位置吊起。撑枝是用木棍一头埋于地下土中，一头将树枝在重心处撑起。

3. 日灼的预防措施

（1）枝干涂白防温度剧变

（2）注意树冠管理　整形修剪时，主干高度宜保持40～50厘米；在可能的范围内尽量多留辅养枝，避免枝干光秃裸露。较大的锯口或伤口，应及时涂上保护剂，减少树体水分散失。加强病虫害防治，避免叶片受到损伤。疏果时，适当多留叶片遮盖的果实，少留阳光直射果，尽量减轻树冠外围负载量。必要时对果实进行套袋，尤其对树冠外围果更应推广这项技术。

（3）加强肥水管理　春夏季合理追肥灌水；越冬前施足基肥，灌足冬水，以保证树体健壮生长，防止出现过度干旱。在夏季有可能出现日灼的天气，应于午前喷0.2％～0.3％磷酸二氢钾于叶面和果面，或进行树冠喷清水，对日灼病有一定的预防作用。

（4）加强病虫害防治　及时防治病虫害，保护好叶片，维持健壮树势，也可在一定程度上减轻日灼。

（5）高接换种留小枝遮盖树体　高接换种时，除将骨干枝与大型辅养枝锯断回缩进行枝接以外，其余的小枝条应暂时保留不动，尤其是树冠上部、南面与树冠中部西南、东南方向的小枝，应适当多留，利用其萌发的枝叶遮盖树体，防止早春和初夏枝干发生日灼，当接穗已抽枝展叶，形成一定叶幕可以达到保护树体不受日灼时，再将原来留下的小枝疏除，或进行芽接改换成新优品种或授粉品种，来年春季萌芽前于成活的接芽上方剪掉。

（六）遭受涝害低产园的改造

由于建园不当，排水设施不完善，雨水过多过于集中等原因，使果园土壤较长期处于水淹状态，苹果树易遭受涝害。特别是在夏秋季雨水过多时，一些地势低洼、排水不良的苹果园积水不能及时排除，时间过长即发生涝害。

1. 水涝对果树的危害

（1）缺氧　当土壤水分过多时，氧气缺乏，根系正常有氧呼吸受阻，迫使根系进行无氧呼吸，积累乙醇和二氧化碳使根系中毒，引起根系生长衰弱或死亡。

（2）微生物活动受阻　土壤通气不良，妨碍土壤微生物，特别是好气性细菌的活动，从而降低了土壤肥力。

（3）肥料的无氧分解　土壤中施用的有机肥或化肥遇土壤排水不良，进行无氧分解，产生氧化亚铁、硫化氢、甲烷、一氧化碳等还原性物质，影响果树地上地下部分的正常生长。

（4）烂根病　根系受伤后，抵抗力减弱，易引起烂根病的发生，导致树势衰退。

2. 涝害产生的原因

（1）雨水过多过于集中　北方苹果产区降水多集中在7～9月份。如果夏秋季雨水过多过于集中，使土壤水分长期处于过饱和状态，时间过长则产生涝害。

（2）排水不良或地下水位过高　地势低洼的苹果园，如果排水设施不完善，造成积水不能及时排除，则易发生涝害。

（3）灌溉不当　长期采取大水漫灌，如果土壤黏重，灌水量过多，也易引起涝害的发生。

3. 涝害发生的挽救措施

（1）尽快排除积水　当雨水过多、积水无法自然及时排除时，应及时进行人工排水。及时排水是防止涝害的关键，可在树行间挖明沟，将积水引向果园外地势低洼处，或用抽水机排水除涝。

（2）扶正倒伏的果树　由于降雨时风害或因积水造成土壤松软，果树固地性降低，易造成树体歪斜或倒伏。发现后应慢慢将其扶正，并设立支柱，防止树体动摇损伤根系、果实和叶片。

（3）清除根系压沙或淤泥　地面积水过多时，出于树干的拦阻作用，常在树干周围沉积大量淤泥，影响根系周围土壤的透气性，因此应及时清除掉。之后及时松土，以利散墒，防止土壤板结，树盘内的松土深度以不伤害根系为原则。

（4）对裸露的大根进行培土　由于雨水的冲刷作用，使果树部分根系外露，应及时培以通气性好的沙土，防止根系受损导致树势衰弱。

（5）加强土肥水管理　苹果树发生涝害后，根系吸收能力降低，应及时加强土肥水管理，复壮树势。结合松土散墒增施腐熟的有机肥、过磷酸钙等肥料，以利促发新根。叶面喷施0.3%～0.5%尿素＋0.1%～0.2%磷酸二氢钾或叶面宝、喷施宝等叶面微肥，补充根系吸肥不足，增强叶片的光合效能。

（6）加强病虫病防治　树体受涝害后，根系受伤，吸收能力减弱，地上地下部分均易发生病虫害，因此应加强病虫害的防治，防止树势进一步衰弱。地下部分主要防治一些真菌引起的烂根病。可在翻耕晾土或早秋施基肥时齐树冠外沿挖半圆形的沟，深 80～100 厘米，尽量不要伤根。从露出根系中向内、外查找烂根，然后切除，按每株 150 克退菌特与土壤混合后填埋，第 2 年再挖另 1 侧，两年完成整个烂根病的治疗。如果烂根过重，可进行土壤消毒后，在树穴内定植小树苗，进行春季脚接。如果根颈处发病，可将根颈附近的土扒开晾根，切除腐烂病斑，涂上石硫合剂或龙胆紫药水消毒，晾一段后埋上通气性好的沙土或草木灰。另外，也可在树盘内用铁棍打深 30～40 厘米的孔，然后灌入退菌特液消毒。地上部分应注意防止各种落叶病及腐烂病的大发生。

（7）加强树体保护，以利果树正常越冬　苹果树受涝害后，树势衰弱，抗逆性降低。因此应采取一切措施复壮树势、保护树体，保证果树正常越冬。如秋季对旺梢多次摘心，促进叶面增厚、枝条充实，树干涂白、树盘覆盖、灌封冻水等防止果树遭受冻害和日灼。

4. 涝害的预防

（1）完善果园排水设施　在涝害易发生的果园，必须配置完善的排水设施。在地势低洼处或平地果园，应设置明、暗排水系统，通过明沟除涝，暗管排地下水，挖井调节地下水位，以防涝害的发生。

（2）改善土壤通透性　通过深翻改土、黏土掺沙等措施改善土壤通透性，中耕松土能防止土壤板结等，也可在一定程度上减轻涝害的发生。

（七）旱地与旱灾低产园的改造

苹果产量高低与水分多少有密切关系，遭受旱灾的苹果低产园多发生在旱地果园。目前，我国苹果多栽培在水利条件差、土壤瘠薄的地方，土壤水分缺乏、肥力低。特别是华北地区与西北地区的许多果园，十年九旱，常常造成严重干旱灾情。果园产量低而不稳，果个偏小，树势衰弱，有的甚至形成小老树多年不长，严重制约了这些地区苹果的发展。因此，对旱地、旱灾苹果低产园进行改造具有重大意义。

1. 土壤管理

（1）深翻改土，整修梯田　旱地果园应在每年秋季于树冠外围挖宽 50～60 厘米、深 80～100 厘米的环状沟，若土层较薄，深度也不得浅于 50 厘米。深翻改土最好年年进行，若劳力不足，可隔年进行，直到全园翻遍。在深翻扩穴的基础上整修好梯田，改善土壤理化性状，提高土壤蓄水保肥能力，防止水土流失。

（2）全园培土，增厚土层　果园培土是增强土壤保水抗旱能力的一条有效途径。一般在土层较薄的果园每年培土 6～10 厘米，达到增厚土层、保护根系、改良土壤结构的目的。

（3）地面覆盖　旱地果园为了节省水分，一般地面采取覆草法或覆盖地膜法，减少土壤水分散失。另外，利用高分子物质进行化学覆盖近年来也受到重视。

① 地面覆草。春季土壤解冻后或夏季将果园中耕松土 10～15 厘米深，然后覆盖铡碎的杂草、秸秆或稻草等 15～20 厘米，再在覆盖物上压覆一层细土，以防风吹和

失火。地面覆草有利于保持水土，增加土壤有机质含量，改善土壤结构。秋季施用有机肥或生长季追肥时可扒开覆草，施肥后再盖好。然后每年秋季增加草量，保持草层厚度一直维持在15～20厘米。

② 地膜覆盖。树盘覆膜可以抗旱保墒，同时还可防止苹果树冬季受冻，促进树体健壮生长。覆膜前应先松土除草，若土壤过于干旱还应浇1遍水，并使树盘内土面略低于四周，覆膜时使膜紧贴地表，四周用土埋严，树干周围培个小土堆，以免高温灼伤树干基部。一般幼树地膜面积约1米^2，大树地膜面积应和树冠投影差不多。

化学覆盖：利用高分子物质制成乳状液，喷洒到土垛表面，阻碍土壤水分蒸发，但却不影响降水渗入土壤。化学覆盖常用的材料有沥青乳剂、环氧乙烷和高碳醇为原料的制剂，合成脂肪酸残渣为材料的制剂等。

（4）土壤耕作　旱地果园土壤管理常用覆草法或免耕法，若进行土壤耕作，应注意以下几点。

① 适时早耕。以伏耕为好，伏耕正值雨季，可减少土壤毛细管失水，有利于土壤蓄水保墒。夏天杂草生长旺盛，伏耕可充分灭草；另外，伏耕还可充分晒土，有利于土壤熟化。

② 适当深耕。耕作宜深不宜浅，深耕更有利于蓄水保墒和土壤熟化。

③ 注意少耕或免耕。因为旱地无浇灌条件，而耕作易使土壤水分散失。所以除在雨季耕作外，其余时间可少耕或免耕，有条件的地方可进行覆盖。

（5）应用土壤保水剂　目前土壤保水剂在国内果树上

使用较少。据陕西果树研究所在西北黄土高原上试验，用土壤保水剂（白色海绵状晶体聚丙烯酸酯）后，土壤保水能力强，对树体生长、干径增粗、枝条加长都有促进作用；单果重增大，果形指数增大，单株产量提高。近年来山西运城地区开始试用“旱地龙”抗旱栽培，也可供旱作区苹果园参考。

2. 水分管理

（1）加强水土保持工作　山地和坡地果园注意修整梯田、鱼鳞坑或撩壕。梯田一般要修成内斜式、外侧有拦水埂，坡山不得超过5度。地面覆盖可有效防止果园水土流失。地面覆盖可结合坡面田间工程进行，如在倾斜的梯壁上生草或栽种紫穗槐、黄荆、马桑等绿肥，每年刈割数次，将割下来的茎干作为地面覆盖物。结合果园深翻多施有机肥，改善土壤结构，增加土壤孔隙度，也可提高土壤持水力，防止水土流失。

（2）蓄水保墒　在果园地表径流汇集处修筑人工蓄水池，采取雨季拦截地表径流蓄水，冬季进行树盘堆雪，秋季深翻，灌封冻水，早春树盘覆盖等。有的苹果产区在旱地果园地头高处筑水池，从别处拉水发展渗灌工程，值得推广应用。

（3）穴贮肥水　在无灌溉条件或山地果园采取地膜覆盖穴贮肥水，可使土壤含水量增加，而且可以提高春季地温。具体方法是：在树盘投影线边缘向内50～70厘米处，挖4～8个穴，均匀分布在树盘下，每穴0.3～0.4米^2。穴内填入稻草或麦秸、草把，埋入前将草把先在水或尿中浸透。回填土时，每穴混入100克过磷酸钙、50～100克尿素，随即浇水5千克左右，然后在树盘内覆上地膜。在贮洼处膜上穿1孔，孔上压1瓦片或石块，以利以后施肥水。

(4) 树盘堆雪，冬水春用　为预防旱灾，旱地果园可利用冬闲时节，下雪后将公路、场院积雪运到果园覆盖树盘、铺平后上面撒一层土，待来年冰雪融化后，供根系生长利用。如果特别干旱而无灌溉条件时，为保证树体正常生长需要，应积极运水到果园对树盘进行灌水。

3. 科学施肥

施基肥可增加土壤有机质含量，有利于土壤形成团粒结构，提高土壤蓄水抗旱能力。基肥可在采果前的9月上旬施入。成年树结合深翻每株施有机肥200～300千克，若进行树盘覆草，可适当少施。施基肥时可加磷酸二铵、复合肥、硫酸钾或果树专用肥3～5千克。

追肥时幼树可采取前促后控，即在萌芽前和新梢生长期追施氮肥；结果初期树于5月下旬到6月上旬花芽分化前追肥促进花芽形成；结果盛期树采取“三促一补”，于花前追肥促进坐果、新梢停长期追肥促进花芽分化和果实发育，果实迅速膨大期追肥促进果实发育，采果后追肥补壮芽体，增加树体养分积累，提高抗寒能力。追肥一般每株施化肥2～3千克，前期以氮肥为主，后期以磷钾肥为主。此外，每年还可结合喷药进行叶面追肥3～5次。花期喷布1次400倍硼砂，花后喷布350倍尿素1～2次，7～8月份喷布350倍磷酸二氢钾1次。

在遭受旱灾后，应结合追肥灌水，原则是“少量多次”，促进根系与枝叶生长，恢复树势，尽量减少损失，增加营养贮备，为下年丰产打好基础。

4. 搞好整形修剪工作

旱地果园一般生长势较弱，一般采取中冠或矮冠修剪，形成矮小紧凑的树体结构。近年来旱地苹果园则多推行矮化密植，其树形主要以自由纺锤形、改良纺锤形及高细纺锤形为主。

旱地果园栽植密度一般均较大，当树冠快要交接时，主枝延长头一般缓放不剪。当交接过多、通风透光不良时要及时进行改造。当树体交接率达到15%以上时，应注意缩小冠幅，如以侧代主，对侧枝上的副侧回缩或改造成大结果枝组，适当回缩下垂枝和衰弱枝。

在搞好冬剪的基础上加强夏剪，1～5年生幼树注意做好春季萌芽前的刻芽促萌工作。在5月下旬到6月上旬当背上直立旺梢长到25厘米左右时进行扭梢，超过30厘米的直立旺梢通过拿枝改变其枝势，抑制其营养生长，促进花芽形成；对幼旺树主干及大型辅养枝进行环剥或多道环割促进花芽形成。环剥宽度为枝或干直径的1/10，但最宽不超过1厘米。对分枝角度不够的，可在春季或夏季通过撑、拉、吊、别等多种手法开张骨干枝及辅养枝角度。秋季注意对旺梢采取连续摘心，促进枝条的成熟，提高树体抗逆性。

5. 合理控制负载量

在加强土肥水管理的基础上，做好疏花疏果和保花保果工作，保证果树连年丰产、稳产；花期遇不良环境或对花量少的树，进行果园放蜂或人工授粉。对花量多的树，进行人工疏花疏果。小型果品种每花序以留双果为主，

一、三果为辅；大型果品种以留单果为主，双果为辅。枝果比一般可按3.5∶1。

6. 及时防治病虫害

苹果园病虫害主要有腐烂病、早期落叶病、山楂叶螨、食心虫、蚜虫等。萌芽前喷3～5波美度石硫合剂杀灭越冬病菌；春秋季发现腐烂病斑及时刮除；6～7月份喷倍量式波尔多液1～2次，防早期落叶病；山楂叶螨应侧重消灭越冬代，可于5月上旬山楂叶螨开始上树时喷布1次0.5波美度石硫合剂；6月中旬和7月中旬各喷1次0.3波美度石硫合剂进行有效防治。

（八）其他自然灾害防治

除了上述几种自然灾害外，苹果树还易遭受风害、雪害、盐碱害、鸟兽害等自然灾害。如风害造成树体偏冠或畸形树、刮折枝条、刮落叶果等，在局部也会产生很大影响。为了防止或减轻这些灾害的发生，应采取以下几项措施。

① 建园时注意园址的选择，避免在经常发生某些灾害的地方建园。如需建园，应选择抗性强的品种或砧木。

② 积极改善自然条件。如建立防护林；保墒改土、增施有机肥；做好水土保持工作等。

③ 加强果园综合管理，维持健壮树势，增强树体抗逆性。

④ 积极预防和应对各种自然灾害。如盐碱地引水洗盐、果园压沙等减轻土壤盐碱化。风害较严重的果园建立大面积防护林、做好树体保护等。

五、矮化砧及短枝型低产苹果园的改造

随着苹果树生产的发展，逐渐由原来的大冠稀植转向矮化密植。近年来我国各地新建的果园，相当一部分是矮化砧和短枝型密植园。矮化砧和短枝型苹果由于树体较矮、树冠小，适于密植，可以经济地利用土地，而且具有早结果、早丰产、管理方便等优点，具有很大的发展前景。但由于我国矮化栽培时间短，人们对矮化砧和短枝型苹果的特性认识不足，成熟经验少，栽培管理技术跟不上，造成部分低产园，从而影响果园经济效益的充分发挥。

（一）当前生产上出现的主要问题

1. 建园时苗木选择不当或苗木质量差

（1）苗木选择不当　生产上的苹果苗均是嫁接苗。苗木由砧木和接穗两部分组成，即接穗/砧木；或由三部分组成，即接穗/中间砧/砧木。矮化砧苹果有两种类型，即自根砧矮化苹果和中间砧矮化苹果。短枝型品种一般由砧木和接穗两部分组成。因此，对砧木的选择是培育优良苹果苗的重要环节。不同类型的砧木对气候、土壤条件的适应能力不同，而且不同砧木与不同苹果品种的亲和力不一样。因地制宜地选用砧木和确定良好的砧穗组合，是密植园早果丰产的关键。但由于近年来我国苹果发展较快，苗木培育和管理混乱，一些产区在苹果发展上具有盲目性，对本区的生态环境、适宜栽培的品种、适宜的砧木及砧穗组合未做深入细致地调查论证，随意买苗，造成一部分苗木定植后适应性差，生长发育不良，产生一部分低产园。

如 M26 和 M9 等抗寒性差，在我国华北北部和西北等地区易受冻，自根砧苗木由于根系浅、固地性差，在土层瘠薄、干旱地区生长不良，易倒伏，适应性差。短枝型品种嫁接在矮化砧上，在肥水条件较差的情况下，树冠极度矮小，也不利于丰产稳产。

对苹果砧木的选择和利用，我国各苹果产区都积累了较丰富的经验。在东北、华北和西北部分山区，气候较寒冷，应选择耐寒性强的山定子或毛山定子作砧木；华北平原地区常选用西府海棠、楸子或花红；西南山区河谷地带，利用本地产的喜湿耐涝的丽江山定子；黄河故道地区可选择平邑甜茶、湖北海棠等。

我国苹果一般多栽培在丘陵、山区、河滩等自然条件较差的地区，因此在利用矮化砧栽培中，一般以推广矮化中间砧为主，较少用矮化自根砧。我国常用的中间砧有 M4、M7、M9、M26、MM106 等，在北方易发生冻害或抽条的地区宜选用 M7、M4、MM106 及 S63、S20 和 B 系为中间砧，没有冻害的地区可用 M26、M9、M7、MM106。在砧穗组合方面，红星、红冠用 M26、M9 和 M7 作中间砧，富士用 M7、MM106、M26 和 M9 作中间砧，金冠用 M9、M26、M7 作中间砧，短枝红星用 M7、MM106 作中间砧，表现较好。

（2）苗木质量差　由于近几年苹果生产发展较快，苗木繁育体系不健全，乱繁乱育乱推广，造成大量假劣苗木用于生产建园，如利用从果品加工厂买的苹果种子充当山定子进行育苗嫁接，这种共砧抗逆性差，在干旱高寒地区进入结果后逐年出现烂根死树现象。由于 M 系、MM 系等矮化砧供不应求，育苗者在育苗时，中间砧长度不够，矮化效应不明显。还有些生产者为了缩短育苗周期，当年播种，当年嫁接矮化中间砧和栽培品种接穗，当年出圃。这种三当苗根系生长细弱，茎干不充实，芽子不饱满，长势弱，进入结果期晚。

2. 定植不当

（1）土壤翻耕不力　矮化砧和短枝型苹果由于栽植密度大，若在定植前及栽后1～3年内不进行全园深翻或深翻扩穴，根系很快分布全园，结果后再逐年进行深翻，则对根系损伤大，且果园郁闭度大，不利于操作；若不深翻又不利于根系发育，给生产带来隐患。

（2）栽植深度不当　利用自根砧矮化苗建园，栽植过深过浅均不利于根系生长发育。过浅，由于自根砧根系浅，固地性差，易倒伏且根系吸收能力低；过深，若埋住嫁接口，则接穗易生根，失去自根砧的矮化效应。一般自根砧的栽植深度以不埋住嫁接口为原则，越深越好。矮化中间砧若栽植过浅，也影响根系的发育和吸收能力，生产实践表明，矮化中间砧段入土1/3～1/2，有利于苹果早期丰产，特别在较寒冷地区，中间砧适当入土可以防止受冻。

（3）栽植密度过大或过小　一些产区不根据当地的气候、土肥水条件、栽培管理技术及品种特性确定适宜的株行距，而盲目照搬其他产区的经验，造成栽培密度过大或过小。密度过大，树冠易郁闭，果园通风透光条件差，不利果园的丰产、稳产，而且管理不方便；密度过小，对土壤和光能利用率低，单位面积产量低。

3. 土肥水管理不当

矮化砧和短枝型苹果园栽植密度大、产量高，肥水需求量大，对土肥水的管理要求比稀植园高。但一些产区没有密植园的管理经验，土肥水管理按乔砧稀植园进行或管理较粗放，造成树体生长结果不良，树势早衰，产量低而不稳，果品质较差，影响了果园的经济效益。

4. 整形修剪不当

矮化密植园由于整形修剪不当，进入盛果期后，株行间严重交接。整个果园，枝繁叶茂，光照差，田间操作极不方便。花芽分化不良，果小质次，生产效益不高。

(1) 整形方面　树形选择不当，主干高度太低、基部主枝过多、上强下弱、下强上弱、中心干优势不明显、临时树与永久树未分别处理。

(2) 修剪方面

① 修剪过轻。近地面的辅养枝未能及时处理或舍不得处理，影响果园耕作和基部通风透光条件。结果枝组未及时更新，细长、松散、软弱无力，结果能力降低，衰弱过度则易引起小枝枯死，骨干枝基部光秃，结果部位外移。外围枝未及时疏剪，造成过密过挤，影响内膛光照。

② 修剪过重。沿用大冠稀植的剪法，主枝延长头在树冠交接后仍继续短截，生长过强造成行间严重交接，影响了通风透光条件；对树干辅养枝连续疏除过多，造成许多伤口，削弱了中心干的生长势，造成下强上弱。

5. 花果管理不当

矮化密植园由于短枝多，形成花芽容易且充实饱满。如任其自然，挂果过多会使果个变小，品质下降，易引起大小年发生。连续几年会造成树势早衰，缩短了果树的经济结果年限。

6. 病虫危害严重

由于果园郁闭度大，通风透光条件差，极易造成病虫害大发生。如腐烂病、早期落叶病、食心虫及一些叶部害虫危害，破坏了果树的营养源，削弱了树势，造成果园产量下降，果品质量差。

7. 树体保护不力

一些矮化砧抗寒力较低，如M9、M26在华北北部、西北、东北等冬季气温过低的地区易受冻而造成死树。在利用矮化自根砧进行栽培时，由于其根系浅，固地性差，栽后若不立支柱，则易倒伏。有些矮化砧嫁接后易偏斜，也易造成树冠不正，若挂果过多，易倒伏。在寒冷地区若不进行树干涂白等保护措施，易发生冻害及日灼等，均会降低树体的抗逆性。

（二）矮化砧及短枝型低产园的改造

1. 加密补植或间移

（1）加密补植　矮化砧和短枝型苹果由于冠幅小，其成年树树高和冠径只有其乔化品种的1/2～2/3，如果定植密度按乔化树来对待，则不能充分利用土地空间。特别在一些立地条件较差的地方，植株生长较小，在早期树冠不能及时覆盖全园，不利于早期丰产，在一些行间距离过大的园子可进行加密。加密的植株可作永久性栽植，也可作临时栽植，以利早果丰产。当果园出现缺株时，应进行补植。补植时应注意所补植株大小和原果园植株大小差不多。

（2）间移或间伐　对一些计划密植或栽植密度过大的果园，若全园已郁闭，株间交接率已超过15%，应及时定出间移或间伐计划。对临时树除去其大分枝，尤其是树冠中上部和近地面的分枝，将其改造成柱形，暂时结1～2年果，再间伐掉，或对其不进行处理，直接进行间移，给两旁永久树让出空间。

2. 加强土肥水管理

（1）土壤管理

① 深翻改土。矮化密植园由于单位面积株数多，结果早，产量高，所以对土壤条件要求也高，尤其是进入盛果期更为明显。因此必须对全园土壤进行深翻熟化，改善土壤的水、肥、气、热状况，满足果树根系正常生长的需要。

定植后深翻要注意尽量少伤根，若伤了大根，应将大根伤口剪平，以利愈合，促发新根。深翻挖土后要做到表土与心土分开，回填时，在穴底充填上枯枝烂叶或野草，改善底层土壤的通透性，再将表土与有机肥混合均匀填入下层，心土覆盖在上层。盛果期果园深翻时可进行扩穴深翻或隔行深翻，以免伤根过多。深翻后及时回填，以防根系失水过多。

② 压土掺沙。在山区薄地或沙滩地建果园，可以通过培土或掺沙，改善土壤结构，加厚土层，增强果园土壤保肥保水能力，为根系生长创造良好的土壤条件。

培土掺沙一般在晚秋初冬进行。培土厚度一般为5～10厘米，最厚不超过15厘米。过薄，培土效果不明显；过厚，影响根系的吸收能力，培土时要注意矮化砧或短枝型的嫁接口位置，自根砧由于根系分布浅，在没有掩埋住嫁接口的情况下，可适当加厚培土层，但不要埋住嫁接口，否则接穗部分易生根，矮化效应不明显。矮化中间砧的中间砧一般要埋入土中1/3～1/2较好，这样矮化中间砧也生根，增加根系的吸收面积和矮化效应。

③ 土壤耕作。一是幼龄树要留出树盘。随着树冠的扩大，树盘也应相应扩大；株距较小时，树盘可行内连接，可用地膜进行覆盖。二是成年树的土壤管理以清耕和覆草为主，有条件的地方可用生草法。生草法在肥水条件好的果园较适用，特别是在土层深厚、灌溉条件好的果园较适用。适于果园种植的绿肥有豆科作物、三叶草、紫云英、草木樨、紫穗槐等。果园生草时应加强树盘内的管理，在关键时期应补充肥水，防止绿肥和果树争夺肥水。当绿肥长到40厘米左右时，刈割覆盖于树盘内。在土层深厚、土质好的果园，可用免耕法与生草法交替隔年进行。免耕法就是利用除草剂清除杂草，土壤不进行耕作。

(2) 肥料管理　矮化密植园根系密度大，单位面积枝叶也多，产量高，所以单位面积需肥量较多，但又不能使土壤溶液浓度过高，因此，施肥的特点应是在施足基肥的基础上多次少量地追肥。

基肥以秋施为好，早秋施肥比晚秋或冬季好，以各种腐熟的有机肥为主。一般早熟品种在采果后、中晚熟品种在采果前结合秋季深翻进行为宜。

追肥以少量多次为好。从萌芽到新梢停长期，每15～20天追肥1次，结合追肥进行灌水，幼树追肥以氮肥为主，配合施用磷肥。生长后期减少氮肥施用量，增施磷钾肥，减少灌水次数。追肥应结合土施进行叶面追肥。结果树每年追肥 3～5 次，一般追肥时期为花前、花后、果实膨大期、花芽分化期和果实生长后期。前期以氮肥为主，后期以磷钾肥为主。在生长期，还要注意喷施微量元素，防止缺素症的发生，促进树体和果实的正常生长发育。

（3）水分管理　矮化密植园由于单位面积枝叶量大，蒸腾量大，因此耗水量也大。在有春旱和伏旱的果区，应满足萌芽期、花期、春梢生长期、果实膨大期的水分需求。灌溉方法可采取树盘灌水、条沟灌水，条件好的可采取喷灌和滴灌。在平原低洼地，黏土地及有黏土层的沙滩果园应注意果园的排水工作，以防果树受涝害。

（4）土壤保墒　在干旱地区或没有灌溉条件的地区建立矮化密植园，应做好土壤的保墒工作，以满足果树对水分的需求，如山地或丘陵地面修筑梯田、鱼鳞坑、撩壕等保持水土，建立一些水源养护工程。土壤耕作方面，春季顶凌耙地，雨后或灌溉后及时中耕，推行免耕法或覆盖法，增施有机肥提高土壤蓄水保墒能力，以及穴贮肥水等。

3. 合理整形修剪

（1）选择适宜于矮化密植的树形　应逐步将低产园改造成圆柱形、高细纺锤形、自由纺锤形、改良纺锤形或小冠疏层形。但在改造过程中不能死板地追求树形，应根据树体生长的特点，因势修剪，随树做形，改善树体通风透光条件，以达到平稳树势，获得丰产、稳产的目的。

（2）几种不良树形的改造

① 上强下弱树的改造。这种树多是下层骨干枝开张

角度过大，长势较弱，中上层大枝较多，生长又较直立而造成上强。改造的主要原则是抑上促下。若栽植较为适宜，可改造成自由纺锤形。改造的方法是疏除中上部过密的大枝，其余的全部拉平，并让其单轴延伸，同时疏除背上直立枝，过长的可戴帽剪，疏除上部大枝时，一次不可疏除过多，以免过度削弱中心干的生长势，一般每年可处理 1～2 个。对下层骨干枝拉枝开角，选生长中庸的分枝作带头枝，疏除背上直立枝。

② 下强上弱树的改造。这类树一般下层主枝过多过大，中上部主枝生长势弱而造成下强。对这种树改造的原则是抑下促上。如果栽植密度适宜，可改造成自由纺锤形或改良纺锤形。下层主枝过多时，可逐年进行去除或回缩。对基部生长势较强的主枝，首先进行拉枝开角，然后在中庸分枝处回缩，并结合夏季环割或环剥促花，对多挂果的削弱其生长势。对中干中上部的分枝，除适当疏除过密枝外，其余全部拉平、缓放或轻剪，并疏除其背上自立枝，以增加树冠中上部枝叶量，增强中干的长势。另外，可在中心干的中上部进行纵刻，促进其加粗生长。若栽植密度较小，适宜于改造成小冠疏层形的，可抑强扶弱。即对下部骨干枝，适当疏除密挤、直立、旺长的分枝，开张骨干枝角度，并采取夏季环剥或环割，促进花芽的形成，以抑制其生长势。对中上部的骨干枝多短截，多留辅养枝，增加枝叶量，增强其长势。

③ 对中心干优势不明显树的改造。对中心干弱的树，如利用 M9、M26 作矮化中间砧的树，则从定植当年就注意保持中心干的生长优势。最好不留侧生分枝，只让中心

干原头向上延伸。当高度、粗度已够时，再留侧生分枝。若已造成中心干衰弱，可按下强上弱树的改造措施增强中心干的生长势。

④ 放任树的改造。矮化密植园长期放任生长，造成大枝过多，交叉混乱，树冠抱头生长，骨干枝基部光秃，结果少，病虫危害严重。对栽植密度较适宜的，可改造成自由纺锤形或改良纺锤形。密度较小的，可改造成小冠疏层形。然后按树形结构。选好永久性骨干枝，并开张骨干枝分枝角度。逐年有计划地疏除多余大枝。对暂时未疏除的，全部拉平，并疏除其背上直立枝。结合春刻芽，夏季环剥或环割，促进花芽分化，以尽量增加产量和辅养树体生长。

骨干枝头延伸过长或基部光秃，若改造成自由纺锤形，可进行春季刻芽促其抽生短枝，增加枝叶量，促使树体饱满。若改造成小冠疏层形，可对基部主、侧枝延长头中短截促生分枝。在重剪大枝、背上直立枝的情况下，尽量保留小枝，当大枝调整好、小枝也已丰满时，再开始修剪改造成健壮而分布合理的枝组。

⑤ 修剪过重树的改造。修剪过重主要表现在短截过多、去大枝过急、对背上辅养枝处理不当，引起树体枝条密挤直立，营养生长旺。其修剪的原则是：冬季以拉为主，全树轻剪，加强夏剪，缓和树势，促进花芽的形成。

冬剪时以拉为主，改造成自由纺锤形时，留作主枝的拉至80～90度，辅养枝拉平或大于90度，少量疏除生长粗壮的密生枝，冬剪可延迟到春季萌芽前进行。夏剪时，对强旺的辅养枝和背上长放枝进行环剥、环割或拿枝以缓和其生长势，对于发出的背上叶梢进行扭梢或连续摘心，以培养小枝组。尽量培养斜生长放枝组，以此分散营养，减弱背上生长，促进生长缓和。

⑥ 对修剪过轻树的改造。未受控制的大枝连年延伸，伸到邻行的，应在其后部良好分枝处回缩或疏除。近地面枝太多，应分年去除，以提高主干高度。树冠内膛的重叠、密生枝、细弱枝应在2～3年内清理完毕，改善内膛光照，使密植园枝量适宜，结果良好。生长衰弱的结果枝组及时更新，防止内膛光秃。外围枝过密者应适当疏除。改造成自由纺锤形时，主枝头单轴延伸，疏除前部多余的竞争枝，做到外稀内密，大枝稀小枝密。全树长放形成的单鞭条，春季进行刻芽，以防后部光秃。枝叶量已满足生长结果要求后，停止刻芽，以防枝叶过多，影响光照。

4. 合理负载，疏花疏果

矮化砧和短枝型苹果叶片大而厚，光合效率高，形成短枝容易，养分积累多，消耗少，易形成花芽。如果任其生长，不进行疏花疏果，挂果过多会使果个小、品质差、大小年结果严重，且易引起树势早衰。因此，必须进行严格的疏花疏果措施，以取得较长期的丰产稳产的栽培目的。但在幼树期，为了获得早期丰产，应采取一些保花保果措施，如人工授粉、花期放蜂、花期喷硼等，提高坐果率。

5. 加强病虫害防治工作

为了保证矮化密植园早果、优质、丰产，必须搞好病虫害的防治工作。应重点防治腐烂病、炭疽病、干腐病、早期落叶病、红蜘蛛、食心虫及一些叶部害虫，防止树势早衰。

6．做好树体保护工作

为了减轻自然灾害的危害，必须做好树体保护工作。如建立防护林防风、防霜及其他自然灾害。秋冬季刮树皮和树干涂白，防止冻害和日灼。用吊枝和撑枝防止树枝折断、果实摇落，促进果实着色，改善品质。立支柱增强树体固地性，防止倒伏等。

附录：观赏果园开发的思路

一、何为观赏果园

观赏果园是传统果园的发展、公园的派生，是果园公园化。其作为种质资源保存、示范栽培、植物科普旅游观光的实践场所，是运用园林设计、景观生态学的理论来进行规划和设计。观赏果园以果树为主，园林观赏植物为辅，展现果树区“春花夏荫秋实”，形成“四季有花、三季有果”植物季相群落的果树景观。

二、观赏果园存在的问题

1. 重引种，轻管理

由于体制的原因，科研单位的管理机制和竞争机制较为薄弱，存在重引种、轻管理的问题。公益性决定了资源的多次重复、成本的增加。

2. 基础条件和配套设施建设滞后

园区道路的竖向设计不尽合理，简单地以石头加水泥铺制，与环境不协调；没有在入口处设置相应的科普介绍栏及平面布置图；园区内缺乏果树植物科普介绍的场所；缺乏盲道的建设和接待设施的配套等。

3. 缺乏系统的果树景观设计和中长期规划

作为从事植物引种的科研单位，受果树观赏区的多功能定位和政策的不确定性而影响果树中长期景观建设。缺乏对各种果树历史和文化内涵的挖掘。

4. 宣传力度不到位

虽然在植物引种和植物资源的保护及植物科普教育等方面做了大量的工作，但没有利用报纸、杂志等媒体进行宣传，在网站建设方面有待加强，尤其是科研与学术交流上存在很大的不足。

三、观赏果园发展对策

1. 政府主导，政策扶持

在促进农业科研机构改革的过程中，政府应从各科研单位的实际情况出发，结合历史背景、地理位置等，为其发展提供良好的软、硬件条件，尤其是为公益性有特色的专类园建设和经营提供相应的政策和资金扶持。

2. 科学规划，精心设计

突出果园特色，集主题公园型、生态休闲型、科普教育型、采摘观光型为一体。利用丰富的果树资源，营造良好的生态旅游环境，并着力解决果树生产的季节性与全年植物观光旅游的矛盾。

3. 转变观念，提高素质

果园应该结合自身优势，努力提高科研一线人员的专业技能，在保证科研的基础上，转变观念，主动地寻找与市场的衔接点，多方位地开展果园科普观光旅游，运用现代管理体制整合果树资源，实现资源的最大化、合理化配置，实现果园的可持续发展。

参考文献

[1] 刘凤之，汪景彦．苹果优质高产栽培技术［M］．北京：中国农业科技出版社，2001.

[2] 汪景彦．红富士苹果无公害高效栽培［M］．北京：金盾出版社，2009.

[3] 苗耀奎，刘二东．现代苹果生产实用技术［M］．北京：中国农业科学技术出版社，2011.

[4] 王中林．艺术果品配套生产技术总结［J］．山西果树，2006，(4)：47.

[5] 胡云卿，郭建斌．园林艺术在现代生态果园中的应用［J］．中国园艺文摘，2009，(8)：77.

[6] 王立新．华冠苹果优质高产栽培技术［M］．郑州：河南科学技术出版社，1994.

[7] 王立新．苹果低产园快速丰产技术［M］．郑州：河南科学技术出版社，1996.

[8] 王立新．苹果生产技术图说［M］．郑州：河南科学技术出版社，2000.

[9] 农业部种植业管理司．苹果标准园生产技术［M］．北京：中国农业出版社，2010.

[10] 李春梅．苹果白粉病的防治方法［J］．青海农技推广，2009，(1)：43.

[11] 赵云和，忤继刚，郎兆光等．20%烯肟菌胺·戊唑醇悬浮剂对几种苹果几种主要病害的防治［J］．农药，2010，49 (12)：927-929.

[12] 李继平，李青青，李建军．6 种杀菌剂防治苹果白粉病田间药效评价［J］．中国果树，2007，(3)：29-31.

[13] 郭卓，惠兴茂，刘丽娟．舟形毛虫的发生规律及综合防治［J］．中国园艺文摘，2008，(2)：53.

[14] 王素琴，杨志萍，于洁．苹果锈病严重发生原因及综合防治措施［J］．中国园艺文摘，2010，(1)：145-146.

[15] 高彦．苹果锈病综合防治要点［J］．河北果树，2011，(3)：38-39.

[16] 徐晓厚，曲向新，邹丹．苹果锈病的发生规律及化学防治［J］．河北果树，2011，24 (3)：38-39.

[17] 葛世康．苹果采收适期的确定 [J]．果农之友，2007，(9)：39.

[18] 毕华明．红富士苹果适时采收期初探 [J]．河北林业科技，2006，(4)：17-18.

[19] 孙莹，蔡卫华．苹果的冷却贮藏方法及其比较 [J]．包装与食品机，2000，18 (4)：24-26.

[20] 路志芳，路志强．苹果采后生理及保鲜研究 [J]．安徽农业科技，2005，33 (4)：721，714.

[21] 李猛，任小林，陈小利．采收期对嘎啦苹果采后品质的影响 [J]．西北林学院学报，2011，26 (1)：90-94.

[22] 翟君芳，张国栋．苹果的贮藏保鲜技术 [J]．河北果树，2001，(3)：36-37.

[23] 王新民．苹果采后贮藏保鲜技术简介 [J]．吉林农业，2010，(7)：121，141.

[24] 安建会．苹拿舟娥的发生规律与防治 [J]．植物保护，2010，(7)：29.